ダウンバースト

発見・メカニズム・予測

小林文明 著

成山堂書店

小林です。
竜巻きに続きまして
ダウンバーストの
'？'にお答えします。
?
小林

ダウンバーストのQ&A

Q1 ダウンバーストとは？

A 積乱雲からの強い下降気流です。発見者は日本人科学者の藤田哲也博士です。（↓1.2節、2.1節）

Q2 竜巻とどう違うの？

A 竜巻は積乱雲の上昇流に伴って発生するのに対して、ダウンバーストは積乱雲からの降水に伴って発生する下降流である点が根本的に異なります。（↓2.2節）

Q3 どのくらいの強さの風が吹くの？

A ダウンバーストが地上を発散する際の風速は、多くの場合20m／s前後ですが、時として50m／sを超える場合もあります。航空機を墜落させたり、構造物を破壊させるだけの力を有しています。（↓1.1節、3.4節、4.1節）

Q4 発生しやすい時期はあるの？

A 積乱雲の発生しやすい暖候期、特に夏場に集中しますが、1年を通じて発生します。冬に発生するのはスノーバーストです。（↓2.5節、4.2節）

Q5 遭遇したらどうしたらいい？

A ダウンバーストは突風だけでなく、強雨や降雹を伴うことが多いので、頑丈な建物に逃げましょう。（↓4.4節）

Q6 どんな被害が起こるの？

A 窓ガラスが割れたり、屋根が飛んだりします。ダウンバーストは地上を発散するため、被害範囲は竜巻に比べて広範囲におよびます。（↓1.4節、4.1節）

Q7 ダウンバーストとセットで名前が出てくるガストフロントとの違いは？

A 「ダウンバースト」は下降流そのものを指し、ダウンバーストが地上を発散するアウトフローの先端を「ガストフロント」といいます。（↓3.1節）

Q8 ダウンバースト発生の予兆はあるの？

A ダウンバーストも竜巻同様に発達した積乱雲から発生するため、〝いつもと違う積乱雲の表情〟を見つけましょう。（↓4.4節）

Q9 日本版EFスケールって何？

A F（フジタ）スケールは藤田博士が提案してから50年近く経ち、その間構造物の強度や形態も変化したため、フジタスケールの改良が行われるようになりました。日本でも2016年4月から日本版EFスケール（JEF）が用いられるようになりました。（↓4.5節）

ダウンバーストも竜巻同様まだ謎につつまれています。
それでは本文で詳しく解説していきます。

はじめに

竜巻とダウンバーストは、ともに積乱雲に伴う激しい大気現象ですが、「ダウンバースト」という言葉は聞きなれない人が多いと思います。竜巻は珍しい大気現象として太古の昔から人々は認識していました。一方、積乱雲からの降水や下降気流は良く知られた構造ですが、構造物を破壊したり、航空機を墜落させるほどの風速を持つ下降流の存在はつい最近まで知られていませんでした。竜巻が〝非日常〟的な現象なのに対して、下降流は〝日常〟的な現象であったがために逆に気づかれなかったのかもしれません。

ダウンバーストは日本人が発見した現象です。１９７５年に発見されてから現在に至る物語を本書にまとめました。竜巻同様あるいはそれ以上にわが国でもダウンバーストによる被害は数多く発生して、身近なものとなっています。ダウンバースト、ガストフロント、アークの構造など、これまで一般書では触れられてこなかった内容、最新の知見をまとめました。また、既刊『竜巻―メカニズム・被害・身の守り方―』からレベルアップして、本書では内容を「基礎編」、「応用編」で構成しました。応用編では、レーダー気象学についてまとめました。

〝危険な黒い雲〟の正体を明らかにしたいというのが本書の目的です。予測困難といわれる突風も、その構造がわかり、適切な観測測器で観れば、確実に捉えることができ、身を守ることが可能であるということが伝われば幸いです。

平成28年8月　**小林文明**

目次

竜巻もダウンバーストも積乱雲がもたらす現象だよ。
せきちゃん

〈基礎編〉

謎の強風!?
ダウンバーストはこうして発見された！

竜巻、つむじ風、突風といった強風被害とダウンバーストとの違いは何だろう？

ダウンバーストによってできた冷たい風と周辺の温かい空気がぶつかると…

日本のダウンバーストの実態を知って身の守り方を考えよう！

〈応用編〉

ダウンバーストはどのように観測して予測しているのかな？実際の観測事例を紹介するよ！
ここから難しくなるよ！

充実したコラムも必見！
成
ビシッ
なるやま君

序章

竜巻とダウンバースト

竜巻は積乱雲の強い上昇流で形成され、一方ダウンバーストは積乱雲からの強い下降気流で発生します。上昇流と下降流が両者の根本的な違いといえますが、両者はある特別な積乱雲から同時に起こる現象なのです。

積乱雲は発達すると、しばしば群れを成したり、あるいは1個の巨大な積乱雲になって長続きします。普通の積乱雲は一つの対流で形成され、上昇流によって雲が発生し、最盛期になると降水によって下降流が卓越することで、上昇流が消されて雲も消滅します。通常の1個の積乱雲はシングルセル（単一セル。対流を上から見ると細胞のように見えるため、積乱雲を"セル"という）とよばれます。これに対して、組織化され巨大化した積乱雲は、マルチセル（多重セル）、あるいはスーパーセル（単一巨大セル）の構造を有します。マルチセルは、自分が消滅しても子どもの積乱雲を生むことで自己増殖を行い、世代交代によって長続きします。スーパーセルは、自分自身が巨大化して長続きするのが特徴です。

スーパーセルは日本語では、単一巨大積乱雲とよばれます。では、なぜ1個の積乱雲が巨大化して長続きするのでしょうか。スーパーセルの組織化には、気温、水蒸気ともう一つ、周囲の風の場が重要になります。大気が不安定になり、上昇気流

上昇流で形成された竜巻と下降流で形成されたダウンバーストはともに特殊な積乱雲によって起こる現象です。いったいどんな積乱雲なのでしょうか。まずはその特徴を紹介します。

が生じて地上付近の大量の水蒸気が凝結して雲が鉛直方向に発達すると積乱雲が組織化されやすい環境になりますが、これだけではスーパーセルにはなりません。さらに、高さ方向に風が変化（風の鉛直シアー）すると、うまい具合に上昇流と下降流がねじれて分離され、両者が同時に住み分けることができるようになります。その結果、積乱雲は衰弱することなく成長し続け、発達が維持されるのです。

スーパーセルとなる積乱雲の周辺では、地上付近で南風、中層（高度3～5㎞）で南西から西風、それより高い高度では、偏西風が卓越します。このような風のパターンは関東平野でも、西にロッキー山脈を控えるアメリカ中西部でもしばしば発生します。つまり、風向が高度とともに時計回りに変化する環境場（風の鉛直シアー）が存在しないと、どんなに積乱雲が発達してもスーパーセルにはなりません。上昇流が降水による下降流によって打ち消されてしまうからです。スーパーセルでは、南から入り込んだ多量の水蒸気を含んだ暖かい空気は、スーパーセルの中央で上昇し、そのまま上空の圏界面まで達し、その気流は前面（東方向）にぬけます。一方、中層で西から積乱雲に入り込んだ乾いた気流は、上昇流を邪魔しないように、上昇流の隣で下降気流と一緒になり地面に達します。このように、周囲の風がねじれる影響で、積乱雲内部の気流もねじれるのです。乾いた空気が入り込むと、降水域では蒸発が進み、蒸発による冷却で空気塊は重くなり下降流速は増します。これがダウンバーストの発生原因です。この強い下降流は、①上昇流を打ち消さない点、②強められた下降流は地上でガストフロントの収束を強める点、③その

結果、上昇流が強まる点がポイントとなり、スーパーセルは自分自身が衰弱することなく、上昇流と下降流が住み分け、お互いに強め合って著しく成長するのです。

強い上昇流と強い下降流が背中合わせで存在するのが、スーパーセルの特徴であり、30m／sとか50m／sに達する上昇流域では竜巻が発生し、強い下降流域では、ダウンバーストや降雹・豪雨が観測されます。日本でも時々降雹が観測されますが、雹（ひょう）の大きさはピンポン玉やみかんくらいです。アメリカでは、サッカーボール大の雹が降ったという記録があるほど大きな雹が降ります。雹もスーパーセルに伴う現象であり、「トルネードストーム」だけでなく、「ヘイル（雹）ストーム」ともよばれています。雹の成長は、スーパーセルの中で回転している上昇流の中心から少し離れた所、重力と上昇流がうまくバランスして雹が漂っていられる場所で雹は回転しながら成長を続けます。スーパーセルは雲自体が回転していますが、この直径10㎞程度の回転はメソサイクロン（竜巻低気圧）とよばれ、竜巻の親渦となるのです。

「竜巻」と「ダウンバースト」は双子の兄弟のような関係です。上昇流の部分、竜巻の構造に関しては、既刊『竜巻―メカニズム・被害・身の守り方―』をご一読くだされば幸いです。

1章　ダウンバーストの発見

1.1 相次いだ航空機事故

1975年6月24日16時（現地時間）、ニューヨークのジョン・F・ケネディ（JFK）空港に着陸寸前のイースタン航空66便は雷雨の中で奇妙な風に遭遇しました。滑走路に差しかかった時、機首が持ち上げられ、修正しようとした矢先、今度は強い下降流で機体は降下し、滑走路の手前にあった誘導灯に左翼が激突し、機体は大きく旋回しながら大破して炎上した結果、乗員乗客124名のうち115名が亡くなりました。当日は15時すぎから、空港の北でいくつかのサンダーストーム*が急速に発生、発達しました。サンダーストーム内の積乱雲エコーがJFK空港を通過した、15時45分から16時10分の間に、14機の航空機が離着陸をしました。15時48分、イースタン航空902便は着陸の際、地上高122mの地点で激しい雷雨に遭遇し、同時に機体は沈み、右に流され、地上高18mで回避（go around*）しました。16時05分、イースタン航空66便も地上高150mで雷雨に遭遇し、アプローチライトが見えた地上高120m地点で速度は71m/sから63m/sへと落ち、地上高60m地点で6・7m/sの下降流（推定）により、滑走路の手前730m地点に墜落しました。

***サンダーストーム（thunderstorm）**
大規模な雷雨。アメリカではサンダーストームの中で、「直径2センチ以上の雹」、「時速93キロメートル（58マイル）以上の風」、または「竜巻」の一つ以上が伴った場合に、「激しい（severe）」と判定される。日本語訳は正確には「雷雨嵐」だが、一般には「雷雨」と訳されることが多い。

***go around（ゴーアラウンド）**
着陸回避。着陸態勢に入った航空機が着陸をやめて再び上昇すること。

同様の航空機事故は他の空港でも発生しています。１９７５年8月7日16時10分にコロラド州デンバーのステイプルトン空港を離陸したコンティネンタル航空４２6便は、直後に雷雨に見舞われ、高度30ｍ上空で速度が5秒間に81ｍ／ｓから60ｍ／ｓへと減速し、機首が下がりそのまま墜落しました。空港上空では、15時18分から16時22分にかけて、発達した積乱雲のエコーが空港の気象レーダーで観測され、このエコーは、鉾（ほこ）先（４・３節）のような特徴的な形状を有し、ＪＦＫ空港の事故時にみられたエコーと同じ形をしていました。翌年には、フィラデルフィア国際空港でも墜落事故が雷雨の中で起こりました。

キリッ
当時の藤田博士は
アメリカで毎年1000個も
発生する竜巻を研究していて、
アメリカの気象学者なら
誰もが知っている超有名人！

当初、国家運輸安全委員会はパイロットの操縦ミスが事故の原因と断定しましたが、難を免れた多くのパイロットからは、「変な風が吹いた」、「下降気流で機体が下がった」、「急な横風を受けた」、「機首が上がった」などの証言が集まりました。航空会社から依頼を受けたシカゴ大学の藤田哲也博士は、フライトデータと気象記録を解析して、雷雲下で機体が大きく揺れたことを突き止め、「単なるパイロットのミスではなく、雷雲下の強い下降気流が地面に当たり放射状に広がった強風が原因」ではないかと結論づけました。藤田博士は長崎原爆の調査を行った時にみた、爆風により放射状になぎ倒された木々の光景

が重なり、この下降流を、下向きに爆発的に広がるという意味で「ダウン（down）」と「バースト（burst）」を組み合わせて、「ダウンバースト（downburst）」と名付けました。当時、多くの気象学者は、積乱雲から飛行機を墜落させるほどの下降気流が存在することを信じられませんでした。ではどうして博士は「ダウンバースト」の存在を確信したのでしょうか。博士の緻密で科学的な解析と同時に、おそらく博士の脳裏には、九州で観測した積乱雲からの下降流と原子力爆弾の爆風が蘇ったのではないでしょうか。研究の足跡は次節で紹介しましょう。

　藤田博士はフライトデータと気象データを解析し、図1・1のような当時の状況を再現しました。図は、積乱雲からの下降気流（ダウンバースト）が地面にぶつかり発散する中を、機体が通過した航路を表しています。墜落した2機はいずれもダウンバーストの中心付近を通過していますが、前方や後方を通過した機体は、強いドリフトを受けたものの事故を免れたことがわかりました。このように、ダウンバーストの相対的な場所により機体が受ける風のシアー*は異なり、次の4つのシアーの中でダウンバースト中心のシアーが最も危

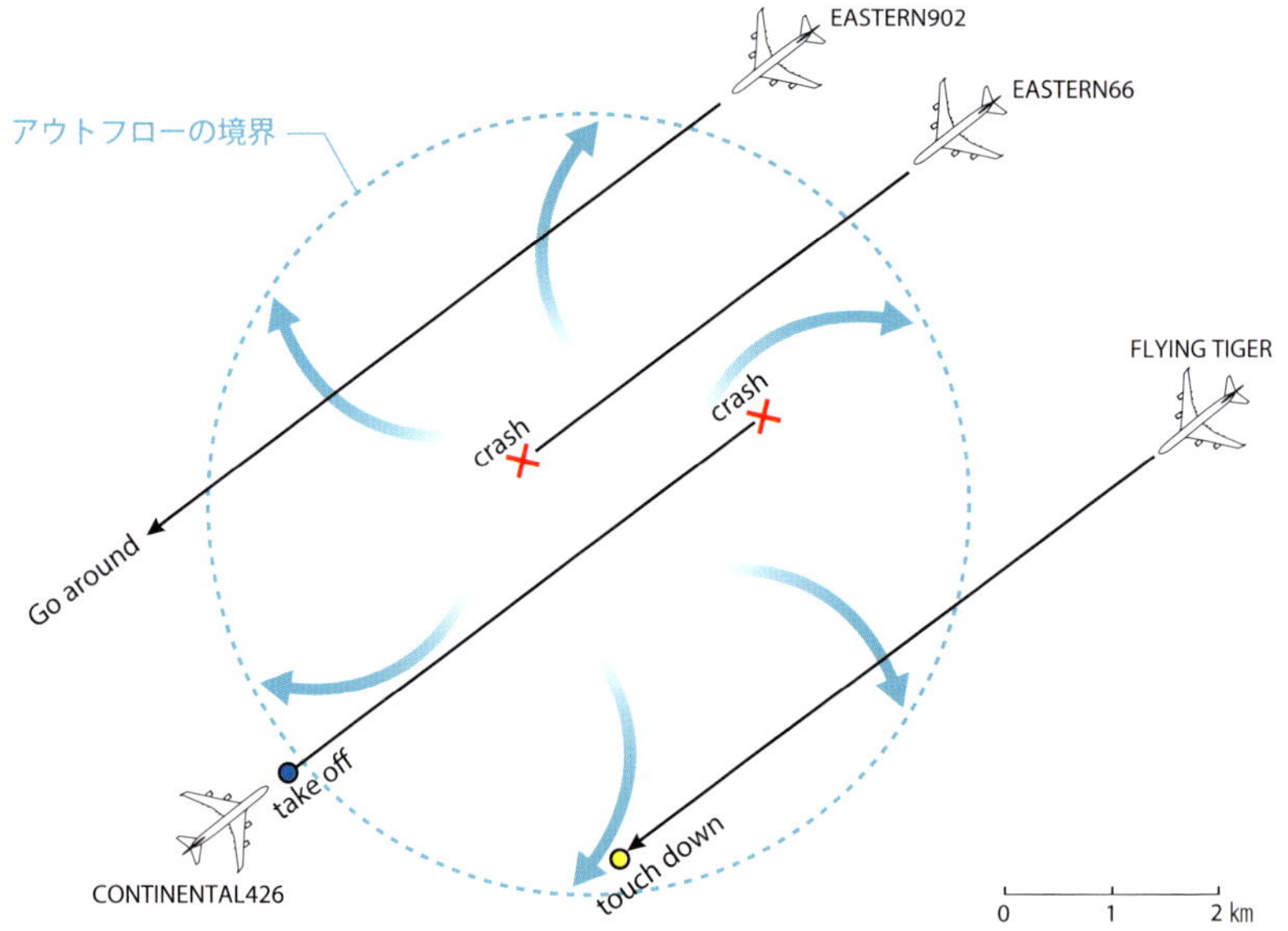

図 1.1　ダウンバーストとフライトコースの関係（Fujita and Byers（1977）をもとに作図）

風向や風速が
変化するところを
シアーというよ。

険であると結論づけました。

1 head wind シアー…風速が増し、機体は上昇（向かい風）
2 tail wind シアー…風速は減少し、機体は沈下（追い風）
3 cross wind シアー…左右どちらかに流される
4 downburst シアー…鉛直のウィンドシアーにより急激に落下

離着陸時に機体の受ける風と機体の影響は図1・2と図1・3のようにまとめられます。離陸（take off）時には、①向かい風を受け機体の速度が落ちダウンバースト域に突入、②強い向かい風を受ける、③強い下降気流で上昇が阻止される、④追い風が強くなり、揚力*が失われ降下、⑤機体の降下率が大きくなり、墜落（図1・2）。着陸（landing）時には、①下降流が地上を進むアウトフロー*先端の上昇流と向かい風により機首が上がる、②機首をもとに戻し加速する際ダウンバースト域に突入、③下降流と追い風により揚力を失い機体が降下し、墜落（図1・3）するのです。離陸時にはフルパワーで上昇するため、ダウンバーストによる風の変化を受けたとしても回復させることができます。しかし、着陸時はおおよそ高度1000フィート*付近で着陸の決心をした後は、減速しながら高度を落とすためにわずかな風の変化でも影響が大きくなります。離着

＊風のシアー
風向・風速が変化すること。高度方向に風が変化する風の「鉛直シアー」と、同一高度で異なった風向の風による「水平シアー」が存在する。ウィンドシアー（wind shear）。

＊揚力
機体の浮力。

＊アウトフロー
積乱雲からの下降流である相対的に低温の気塊が地表面を広がる部分を指す。「冷気外出流」と訳されるが、最近では「アウトフロー」とよぶことが多い。アウトフローの先端は、周囲の暖かく湿った空気との境界であり、ガストフロント（突風前線）とよばれる。そこでは、風が急に変化して突風を伴い、気圧が上昇して気温が下がるので、寒冷前線通過時の変化と類似している。アウトフローの境界に沿って次々に積雲・積乱雲が発生することがよくあり、特に複数の境界（寒冷前線や別のアウトフローとの境界）が交差する点では積乱雲が急発達する。

＊フィート（feet）
1000feet=300m

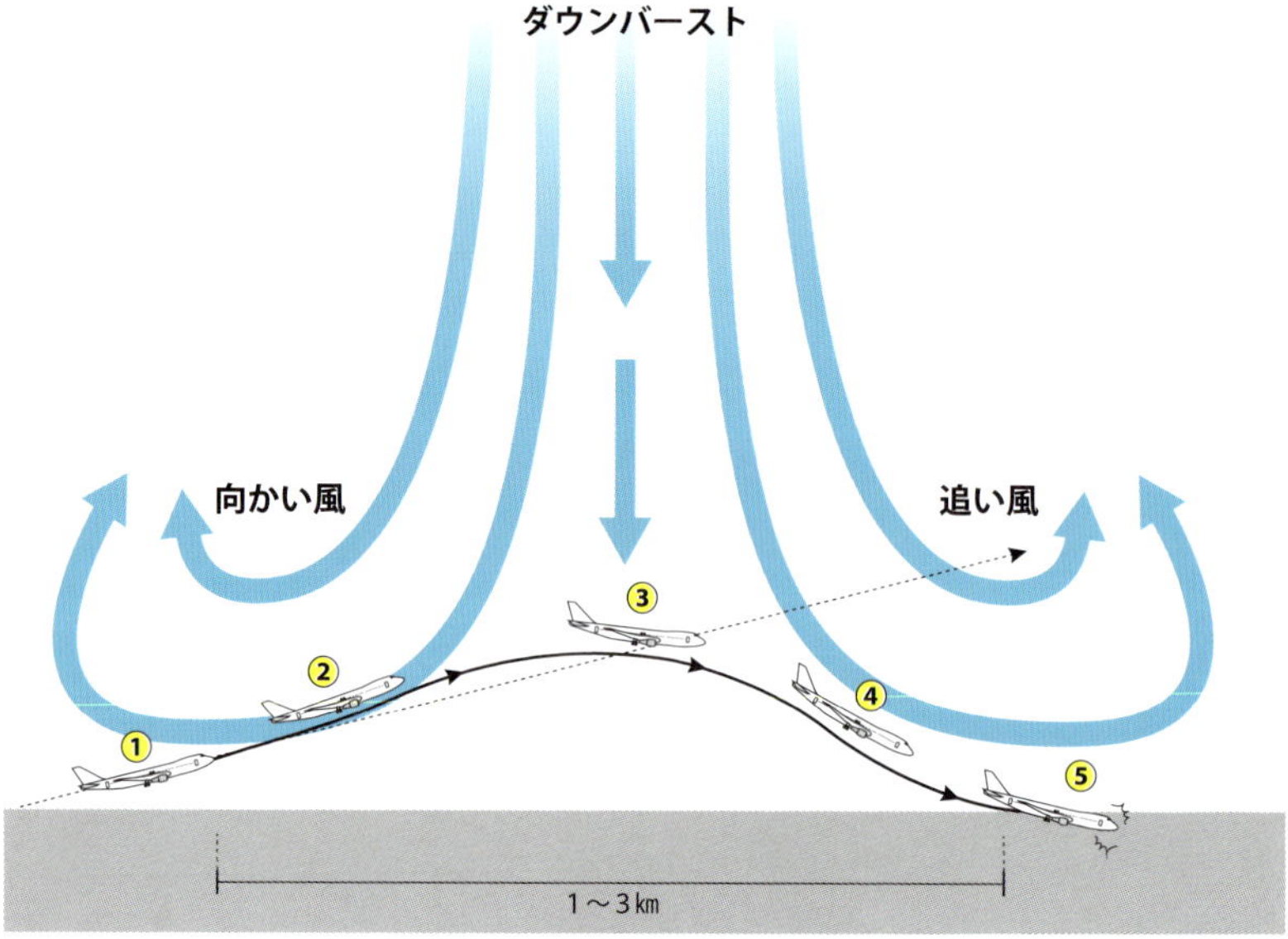

図 1.2　離陸時の墜落パターン

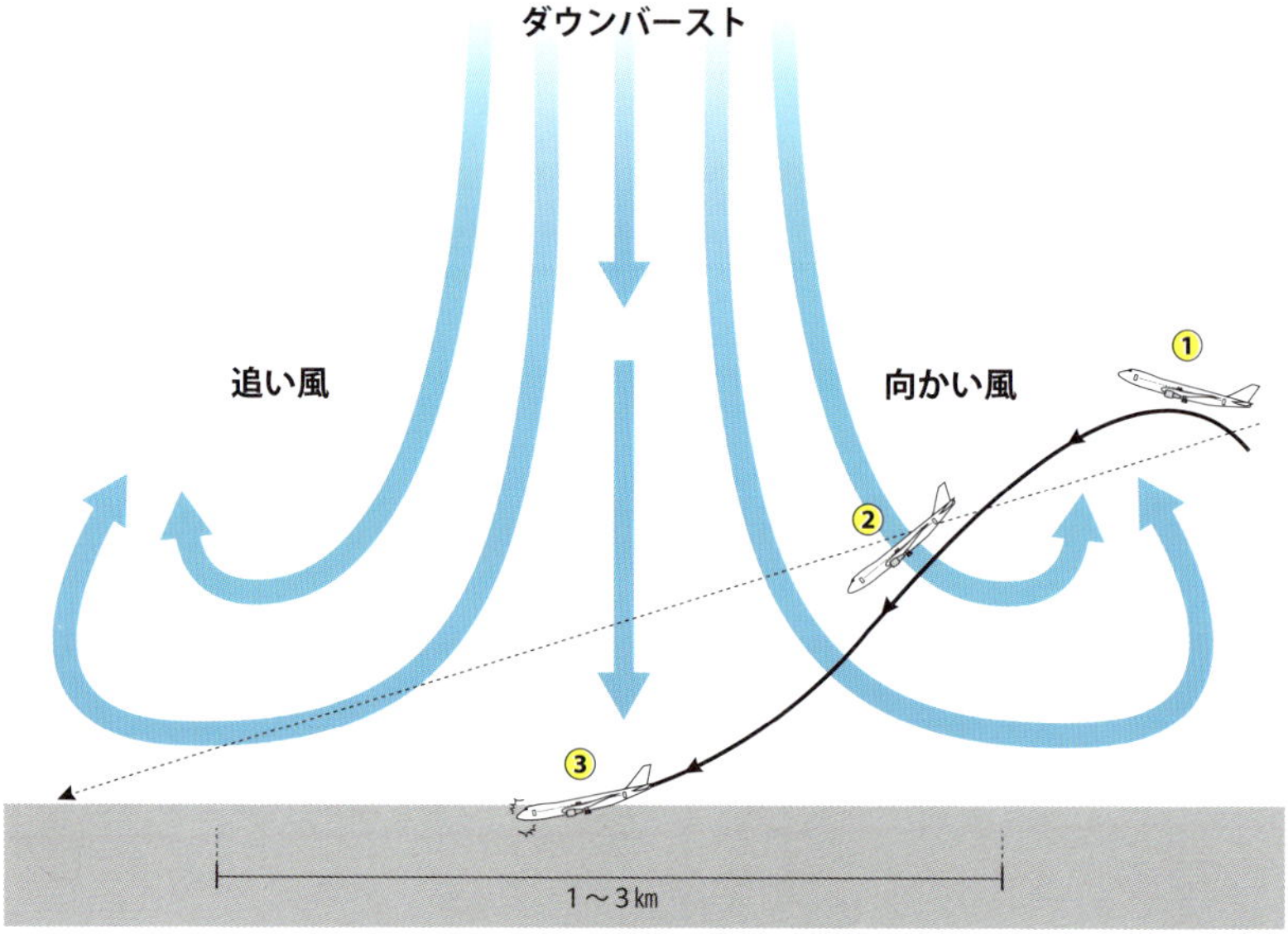

図 1.3　着陸時の墜落パターン

陸いずれの場合も、ダウンバーストに遭遇すると急激な風向の変化を伴うため、パイロットにとっては危険な風です。博士の調査により、ダウンバーストが低層ウィンドシアー*（Low Altitude Wind Shear：LAWS）の原因となることが、科学的に解明されたのです。

コラム① LAWS（ローズ）

ダウンバーストや地形性の風によって、地上付近で形成される風のシアー（ウィンドシアー）を総称して、低層ウィンドシアー（Low Altitude Wind Shear）とよび、今では略してLAWS（ローズ）とよばれています。ダウンバーストの観測プロジェクト名に、「JAWS（ジョーズ）」と名付けたように、うまい語呂合わせです。ちなみに、映画のJAWS（スピルバーグ監督）が封切りされたのが、1975年6月20日ですから、奇しくもJFK空港における航空機事故（1975年6月24日）とほぼ時を同じくしました。両者とも社会に与えたインパクトは絶大でした。観測プロジェクトのJAWSには、〝ダウンバースト・ハンター〟の意味が込められたのかもしれません。

*低層ウィンドシアー
地表面付近で形成されるウィンドシアーを指し、原因は積乱雲（ダウンバースト）以外にも、地形の影響や低気圧・前線などさまざまである。航空機の離着陸に大きな影響を与えることから注目される。

1.2 ミスター・トルネード

〝ミスター・トルネード〟とよばれた藤田哲也博士によりダウンバーストが発見されましたが、日本における二つの経験が大きく寄与したといわれています。19

４５年の終戦直後、博士は長崎原子爆弾調査団に志願して参加し、爆風の規模を推定しました。原子力爆弾の爆発高度を地上５２０ｍと計算し、直下地点における木の倒れ方を詳細に調査しました。直下では、木は直立していましたが、直下から３００ｍまでの木は外向きに放射状に倒れ、３００~７００ｍまでの範囲で水平方向の破壊力が最も大きかったことを明らかにしました。当時は占領下で自由に写真を撮ることは許されていませんでしたが、科学者としての興味や使命からでしょうか、秘かに爆風による悲惨な被害状況をカメラに収めており、この写真は博士の没後発見され、当時の状況を知る貴重な資料となりました。博士は広島の原爆被害調査も行い、爆発高度を地上５３０ｍと推定しています。この爆風の調査がダウンバーストの命名につながりました。

20m/sの風というのは、
何かにつかまらないと
立っていられないほどの
強い風だよ。
ひえ~

１９４７年８月24日博士は運命を左右する重要な発見をしました。その頃、背振山《せふりさん》*で雷雲の観測を行っていましたが、この日の積乱雲は凄いものでした。発達した積乱雲が山頂に接近しながら、20ｍ／ｓ以上の強風をもたらし、気圧計の記録は大きく変動しました。積乱雲の地上気象データを観測することに成功し、目視観測した積乱雲の構造から、〝上昇気流により発達した積乱雲の下部、背振山山頂の高度付近にこれまで知られていなかった下降気流が存在する〟という結論を見出しました。博士はこの積乱雲から降水と伴に下降流が

＊背振山
福岡県と佐賀県の県境に位置する標高１０５５ｍの山で、当時は測候所が山頂にあった。現在は気象庁レーダーが設置されている。

＊バイヤース教授
気象学者。戦後間もない１９４７年から１９４８年にかけて、雷雨の研究（thunderstorm project）を、航空機などを用いて組織的に行った。

存在することをスケッチした図面をシカゴ大学のバイヤース教授*に送ったのがきっかけとなり、１９５３年にシカゴ大学に招聘《しょうへい》されました。バイヤース教授は、戦後サンダーストーム（雷雨）の観測を進め、１９４６年に雷雲の下部に下降気流が存在することを発見したばかりでした。教授は、航空機を用いて雷雲に突入するなど莫大な予算を使って研究を進めた結果の発見に対して、日本の無名の研究者がほとんど予算をかけずに同じ発見をしたことに驚き、シカゴ大学の教授に迎え入れたのです。

シカゴ大学に移ってからは竜巻（トルネード）の神秘に魅せられて、竜巻の研究に没頭しました。日本における気象災害といえば台風や大雨がですが、アメリカでは昔から竜巻が最も恐ろしく、関心が高かったといえます。何故、竜巻が形成されるのか、内部構造はどうなっているのか、どうやって被害の実態を把握するのか、予測はできるのか、など基本的なことが全くわかっていませんでしたので、博士は竜巻発生直後の迅速な被害調査を地上と航空機を用いた上空から実施し、詳細な被害マップ*を作成しました。被害調査からトルネードトレース*といわれる、竜巻特有のさまざまな痕跡を確認し、同時に気象レーダーを用いた観測、室内実験による再現など精力的に研究を進め、竜巻の構造が理解されるようになりました。吸い上げ渦*や多重渦*の発見、被害スケール（フジタ（F）スケール（４・５節））の提案、竜巻の階層構造（１・５節）の提唱など数々の業績を残し、〝もし気象学にノーベル賞があったら彼がもらうだろう〟とまでいわれていました。博士が積乱雲からの

＊被害マップ
地上被害調査に基づき作成される被害状況の地図。

＊トルネードトレース
竜巻による円形の痕跡。

＊吸い上げ渦（suction vortex）
竜巻は中心気圧が数10hPa低下するために、気圧降下による吸い上げる効果が大きく働く。１つの上昇流で形成される竜巻渦は1本の吸い上げ渦といえる。巨大な竜巻になると、複数の吸い上げ渦（竜巻渦）が内在することが多い。竜巻通過時に、家屋の屋根がスポンと抜けるように上空に舞い上がったり、車や小屋などが浮き上がるのは、吸い上げの効果といえる。

＊多重渦（multi-vortex）
複合渦ともよばれる。竜巻の多重渦構造を最初に指摘したのも藤田博士。竜巻のような鉛直渦は回転する強い上昇流で維持されているが、直径が大きくなるに従い渦が不安定になり、渦内部では中心付近に下降流が生じるようになる。ちょうど台風の眼に相当する領域が弱い下降流域になるのと似ており、上空から地上に向けて下降流が降りてきて、最終的には地上に達すると、渦は分裂して崩壊（ブレークダウン）し、複数の渦が生じる。

強い下降流を発見したのは、背振山での雷雲観測でしたが、アメリカでダウンバーストを発見したのは、航空機事故が発端でした。

コラム② 藤田哲也博士

〝ミスター・トルネード〟とよばれた藤田哲也博士（1920〜1998）は、1920年に北九州市で生まれ、1943年に明治専門学校（現九州工業大学）を卒業しました。明治専門学校の機械科では地質学者の教授に師事し、九州各地の調査旅行に同行して詳細な地図を描けるようになり、竜巻の被害地図など、博士の描くち密な図面の技術は、この時培われたといわれています。卒業後は明治専門学校物理学教室の教官として大学に残り、地学の教育研究を続けました。

1.3 ダウンバースト観測プロジェクト

一般に積乱雲は、発生期、発達期、最盛期、衰弱期というライフサイクルを示します。モクモクとした積雲の塊が鉛直方向に成長し始めるのが発生期、強い上昇流により成長を続ける発達期、雲内に十分な降水粒子*が形成されるのが最盛期です。活発な積乱雲はしばしば高度10㎞を超え、圏界面*に達してかなとこ雲*が形成されます。この段階が最盛期に当たり、強い降水と伴に下降流が生じるため、ダウンバーストは積乱雲の最盛期の現象といえます。図1・4は、夏季晴天時に孤立して発生

*降水粒子（precipitation particle）
雲から落下する雨、雪、雹（ひょう）、霰（あられ）などの粒子の総称。

*圏界面
対流圏（地上から高度10㎞）と成層圏（高度10〜45㎞）の境界。対流圏界面。

*かなとこ雲（anvil）
平らに広がった積乱雲の雲頂部。しばしば鉄床（かなとこ）のような形になるためこのようによばれる。アンビル。

した積乱雲のライフサイクルを10分ごとに撮った写真です。この積乱雲は、13時30分に発生し、40分後急速に発達を始め、間欠的に5個の積乱雲の塊（図中T1〜T5）が成長することで巨大な積乱雲が形成されました。積乱雲が圏界面に達して、かなとこ雲が形成されたのは70分後（e）であり、この積乱雲の寿命は約2時間でした。（a）が発生期、（b〜c）が発達期、（d〜e）が最盛期、（f）が衰弱期に対応します。積乱雲の成長速度は、5〜

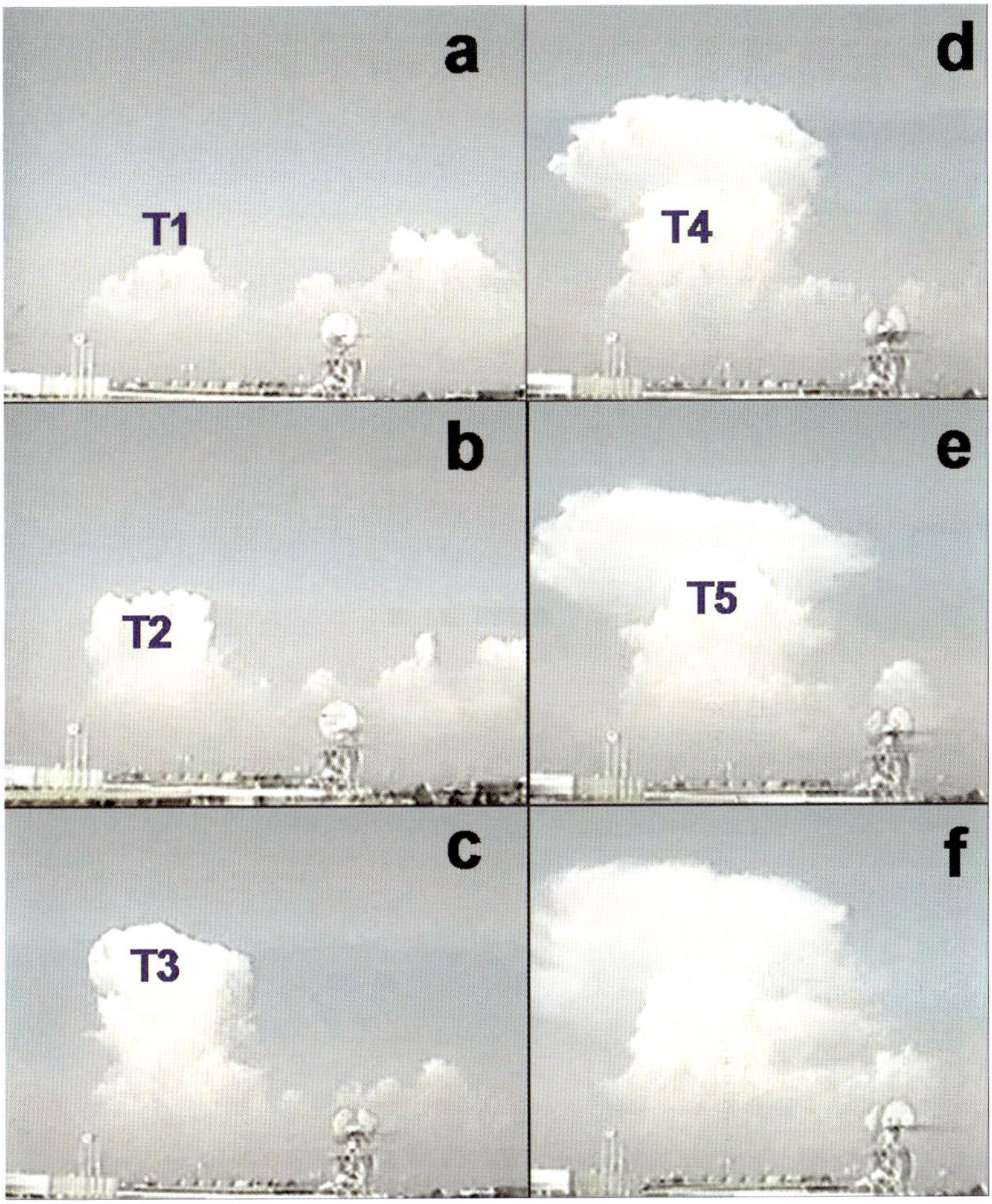

図 1.4　積乱雲の発達過程．2010 年 8 月 23 日に房総半島北部で発生した積乱雲を，14 時 12 分から 10 分間隔で示す．（a）が発生期，（b 〜 c）が発達期，（d 〜 e）が最盛期，（f）が衰弱期に対応．T1 〜 T5 は積乱雲の発生番号を示す．（Kobayashi et al. 2012）

'ドップラー' の由来は
オーストリアの物理学者
クリスチャンドップラーって人だよ。
救急車が近づくとサイレンはかん高く、
遠ざかると低く聞こえるよね。
こういう音の高さの変化の数学的な
関係式を作ったのが彼で、
気象学や天文学で応用されているよ。

10m／sあり、非常に速い上昇速度であったことがわかります。藤田博士が背振山で観た積乱雲も発達したものでしたが、最盛期の積乱雲直下では強い降水と強い下降流が発生します。定性的に積乱雲からの下降気流の存在は知られていましたが、定量的に測定することは極めて困難であり、航空機を墜落させるほどの強風が存在することは知られていなかったのです。

デンバーの事故から3年後、藤田博士が中心となり当時の最新鋭器材であったドップラーレーダー*を用いた観測が始まりました。1978年からイリノイ州シカゴで実施された観測は、NIMROD（Northern Illinois Meteorological Research On Downburst）計画とよばれ、3台のドップラーレーダーと20か所以上の地上風速計を設置した大掛かりな観測プロジェクトが始まりました。45日間で50個のダウンバーストが観測され、地上観測でも30m／sを超える風速が観測されました。その後、1982年からコロラド州デンバーでJAWS*計画が3台のドップラーレーダーと風速計27台を用いて行われ、86日間で186個のマイクロバーストを捉えることに成功しました。さらに、1986年からアラバマ州ハンツビルでMIST*計画

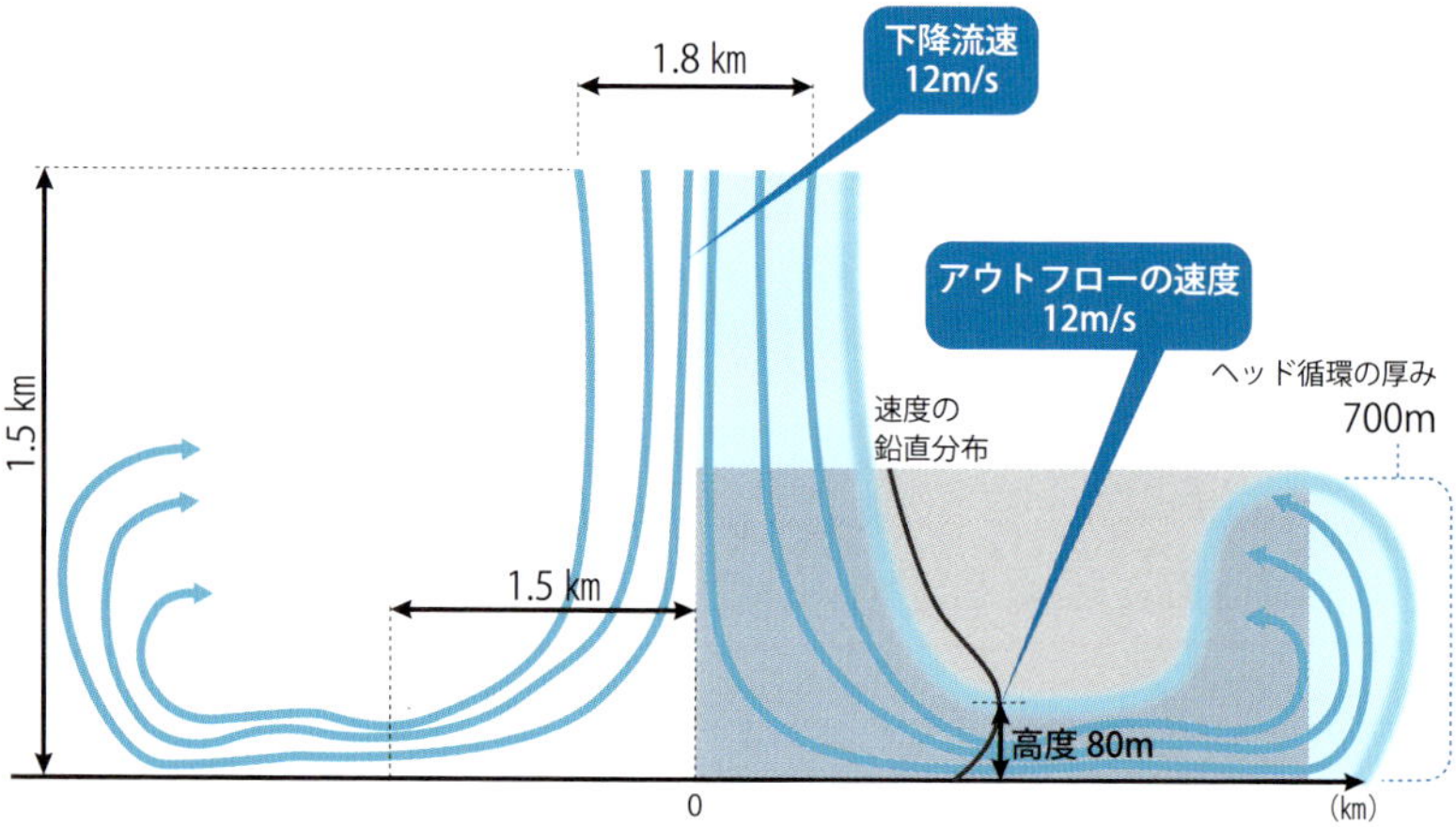

図 1.5　ダウンバーストの平均的な構造（Hjelmfelt（1988）をもとに作図）

が5台のドップラーレーダーと風速計80台を用いて実施され、10年以上にわたる研究の結果、数100におよぶダウンバースト現象を観測することに成功しました。

　これらの国家プロジェクトといってよい大掛かりな観測により、ダウンバーストの構造が明らかになりました。図1・5は数10事例の観測結果を平均した、一般的なダウンバーストの鉛直構造を示したものです。ダウンバーストの直径は1・8kmで下降流速は12m/s、ダウンバーストが地面にぶつかり発散するアウトフローの最大風速は、ダウンバースト中心から1・5km離れた場所で下降流速と同じ12m/sの風速が地上付近に存在し、アウトフローの先端（ガストフロント）に形成されるヘッド循環*の厚みは700mであることがわかりました。これらの研究成果は、ドップラーレーダーを用いれば航空機の離着陸に脅威となるダウンバーストを捉えることが可能であることを示したのです。1990年代にはアメリカ全土をドップラーレーダー網でカバーするという、NEXRAD*計画により、約150台のドップラーレーダーが整備されました。

1.4 ダウンバーストの被害パターン

　ダウンバーストは下降気流であり、密度の高い空気塊*が地上に落下するために、竜巻とは異なった特徴的な被害パターンが生じます。ダウンバースト直下では、まさに上から重い空気に押しつぶされてしまいます。地面に達したこの気塊は、四方八方に発散*します。この「発散パターン」が、竜巻の収束*パターンと大きく異なる

＊**ドップラーレーダー**（**Doppler radar**）
通常の気象レーダーにドップラー速度探知機能を付加したもの。降水強度（雨量）だけでなく雲内の風を測定することが可能となった（5・1節）。

＊**JAWS**（**Joint Airport Weather Studies**）
1982年にコロラド州デンバーで実施された観測プロジェクト名。マイクロバーストの一生や平均的な構造が明らかにされた。マイクロバーストの最大風速頻度も調査され、30m/sに達するものは少なく、大半が20m/s以下の〝ドライ〟なマイクロバーストであった。

＊**MIST**（**Microburst and Severe Thunderstorm Experiment**）
JAWSプロジェクトに引き続き、1986年からアラバマ州ハンツビルで実施された観測プロジェクト名。

＊**ヘッドの循環**
アウトフローがガストフロントで反転することで生じるロール状の回転（水平渦）。この循環は複数存在することがある。

＊**NEXRAD**（**Next Generation Weather Radar**）
1980年代後半に計画された「次世代気象レーダー」計画で、1990年代にかけてアメリカ全土をカバーするようにアメリカ本土および周辺に整備されたドップラーレーダー網。

＊**空気塊**（**air parcel**）
周囲の大気と区別した、あるボリュームの空気。積乱雲となる上昇気流は地表面付近で熱せられた軽い空気であり、周りの空気と熱のやりとりが無いため、断熱的に空気の塊は上昇する。この上昇気流の空気をプリューム（熱気泡）という。

＊**発散**（**divergence**）
気流が1点から周囲へ出ること。ダウンバーストは地面に達して地上を広がるために、影響は広範囲におよぶ。高気圧は発散場。

点です。ダウンバーストによる地上の強風域は、ダウンバーストが発散するちょうど先端部分に集中します（図1・6）。同心円状に強風域が存在する結果、地上被害もドーナツ状に分布するのです。

　実際のダウンバーストの被害パターンは複雑です。まず、〝静止しているダウンバースト〟すなわち親雲が移動しない理想的な場合を考えましょう。この場合、下降流は地面にぶつかり四方八方に、同心円状に広がります（図1・7）。これが一般にダウンバーストに特有の被害といわれる、〝放射状〟、〝発散性〟の被害痕跡となります。しかし、親雲が移動する場合は、一般風速が加算されることにより被害パターンは大きく異なります。上空の風向に沿った被害が顕著となり、指向性が強くなるからです。図1・8に示したように、被害は進行方向に偏り、被害パターンはより直線的になり、被害域は楕円状、ライン状になります。日本におけるダウンバーストは、竜巻同様に発達した低気圧や前線（寒冷前線や停滞前線の近傍）など総観

擾乱（じょうらん）は気象用語で突風をもたらす大気の乱れのことだよ。地球の大気圏は自転の影響で常に対流が起きているんだね。

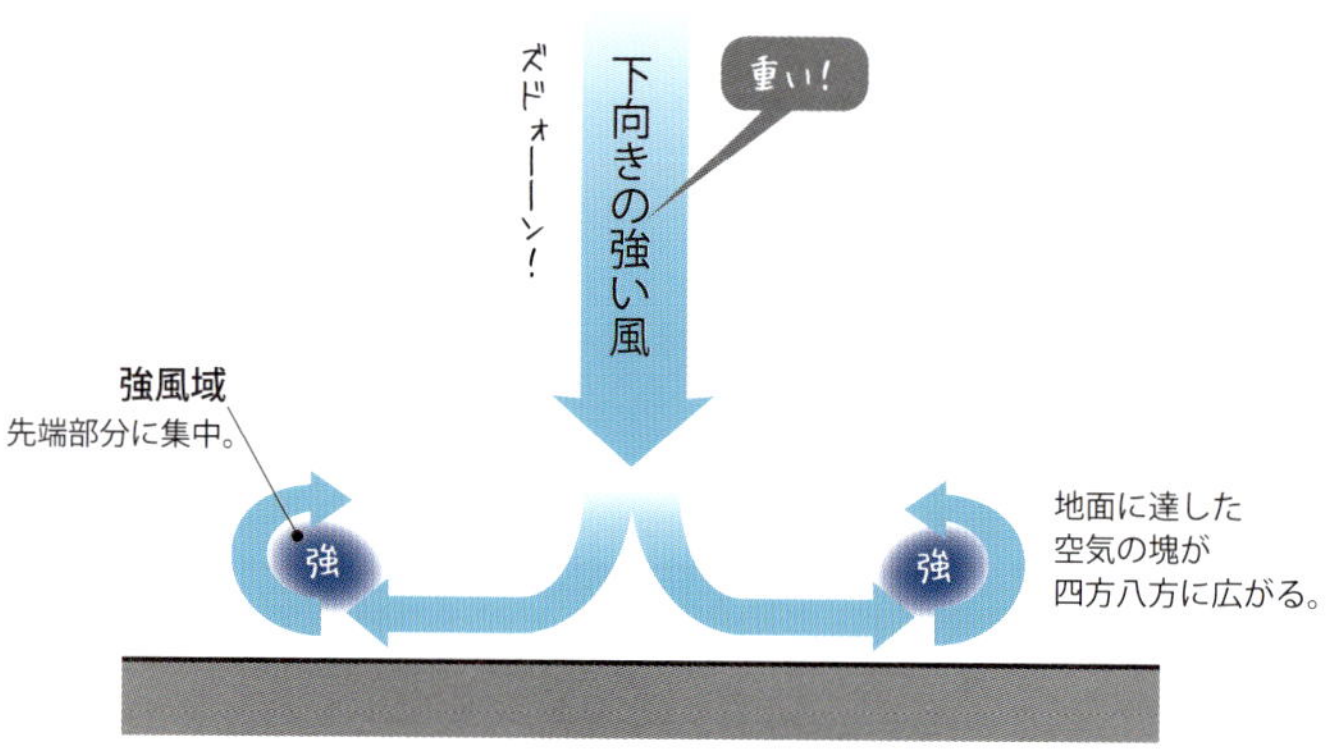

図 1.6　ダウンバーストの地上強風域

スケールの大気擾乱に伴い発生することが多く、親雲である積乱雲が速い速度で移動します。その結果、個々の被害は直線的になり、被害域もしばしば細長い形状になります。これが竜巻とダウンバーストの判別が難しい理由なのです。また、日本における竜巻は、フジタスケールでF1（33～49m／s）以下がほとんどであり、被害長も平均で1～2㎞程度、飛び飛びになることもあり、点々と散在*するダウンバーストの被害と区別することが難しいといえます。

　ダウンバーストの地上発散（アウトフロー）部分の微細構造をみると、特徴的な渦構造を有しています。発散の先端は渦を巻き、"rotor microburst" とよばれます。しばしば、埃が舞い上がることで、このローター（rotor）構造は可視化されます。ダウンバースト全体でみると、このローターは同心円状に連なっており、ひとつのリング

*収束（convergence）
気流が1点に集まること。前線は収束帯であり、低気圧や台風は下層収束、上空発散の場となる。竜巻の気流に関しては、地上付近において旋回しながら渦の中心に向かって集まってくる。

*点々と散在
ダウンバーストは1つの積乱雲から間欠的に複数発生することが多いので、被害域も複数みられる。

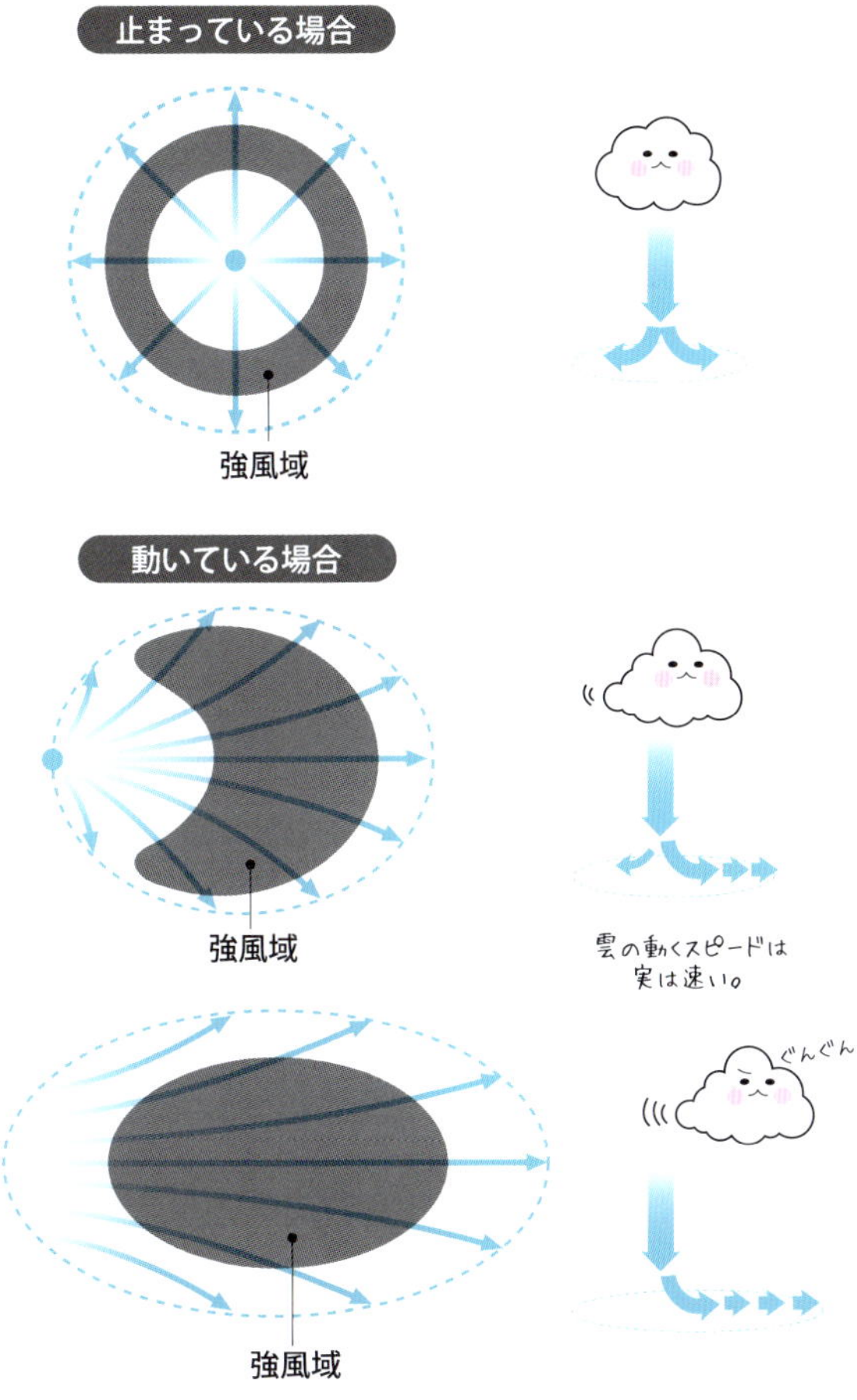

図 1.7　ダウンバーストの被害パターン

（ring）を形成しています（図1・8）。このように下降気流だけでなく、上昇気流や渦などの気流も形成されるのがダウンバーストの特徴といえます。航空機が遭遇したさまざまなウィンドシアーもダウンバーストの複雑な気流を受けた結果なのです。

1.5 ダウンバーストの階層構造

藤田博士は、フジタスケールだけでなく、竜巻やダウンバーストのスケールの概念も提案しました。大気現象はしばしば大きなスケールの擾乱*の中に小さなスケールの構造が存在します。これを階層構造（マルチスケール構造）とよびます。特に、スーパーセル*型の竜巻は親雲（parent cloud）内に存在する直径数kmのメソサイクロン*が親渦となり、そこから直径数100mの竜巻渦が発生するわけですから、典型的な階層構造を有しています。

そこで博士は、日本語の母音（あ(a)、い(i)、う(u)、え(e)、お(o)）を用いて5つのスケールを提唱しました。水平スケール1000kmの総観スケールとマイクロスケールの中間という意味のメソスケール（mesoscale）という用語は既に存在しており、「メソ（meso）」という用語を基にして、母音を用いて細分化したのです。

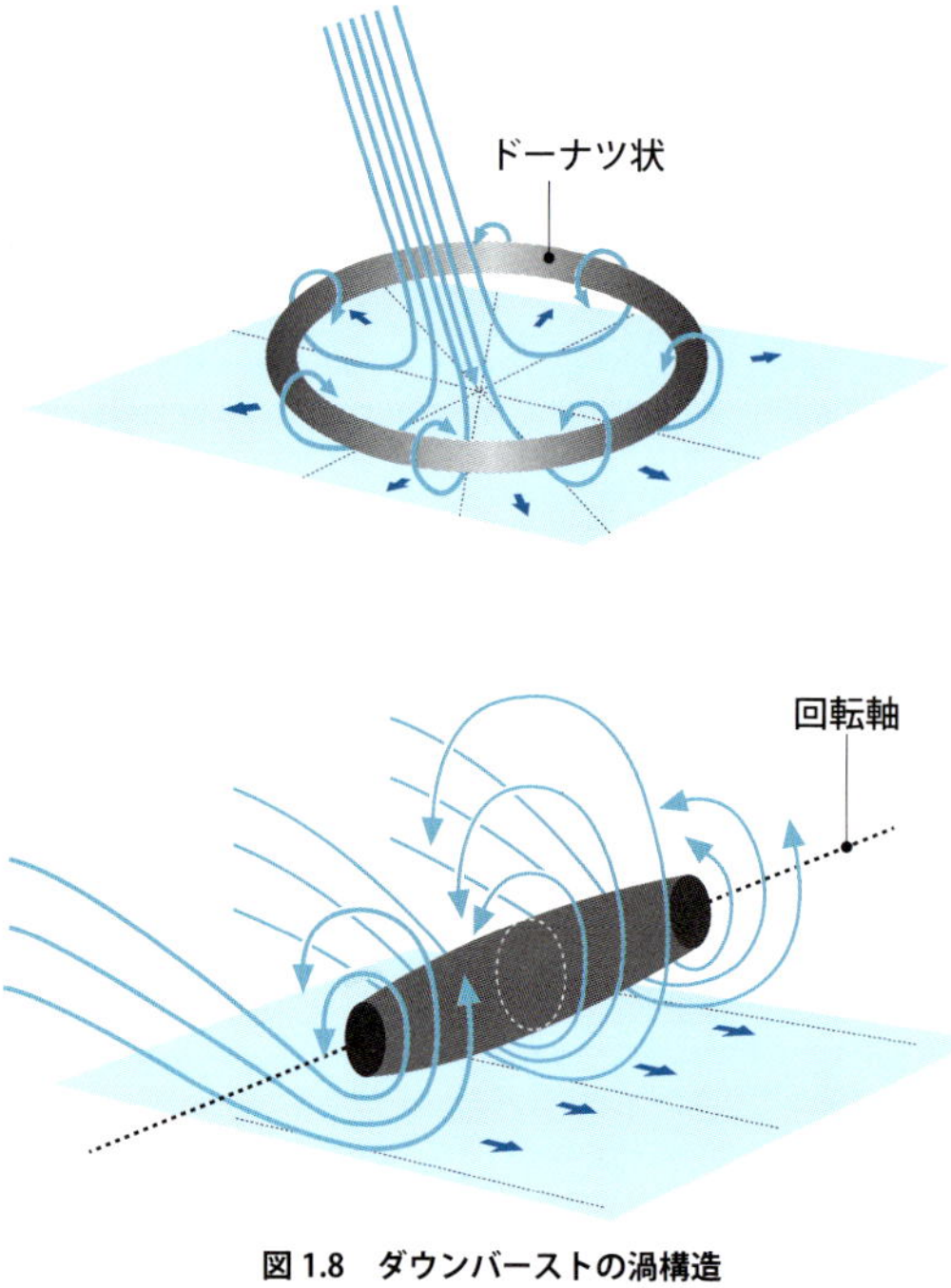

図1.8　ダウンバーストの渦構造

*擾乱
大気中の乱れを、気象用語では「disturbance」を訳して「擾乱（じょうらん）」という。大気擾乱はさまざまなスケールを有し、台風や（温帯）低気圧など水平スケールで1000kmを有する大規模（マクロスケール、総観スケール）な現象から、数km〜数100kmのスケールを有する中小規模（メソスケール）現象、竜巻のように直径数100mのミクロ（マイクロ）スケールの現象が存在。

MASO（マソ）スケール、MUSO（ムソ）スケール、MESO（メソ）スケール、MISO（マイソ）スケール、MOSO（モソ）スケールです。竜巻では、1000㎞スケールの総観スケールの低気圧に相当するMasocyclone（マソサイクロン）の中に10㎞スケールのMesocyclone（メソサイクロン）が存在し、メソサイクロン内に竜巻渦（tornado）に対応する1㎞スケールのMisocyclone（マイソサイクロン）*が形成され、竜巻内部には吸い上げ渦（suction vortex）とよばれる直径100mのMosocyclone（モソサイクロン）が存在します。このスケールの概念は1978年に論文発表されました。現在では、メソサイクロンは気象用語として定着していますし、マイソサイクロンも用いられています（図1・9）。

一方、ダウンバーストの場合は、1000㎞の総観スケールの高気圧に相当するMasohigh（マソハイ）の前面の寒冷前線内に、積乱雲からの下降気流によって100㎞スケールのMesohigh（メソハイ）*が形成されます。メソハイ前面はガストフロントであり、その中に10㎞スケールのダウンバーストが存在し、Misohigh（マイソハイ）が形成されます。ダウンバースト内部には1㎞程度の強風域つまり被害の爪痕

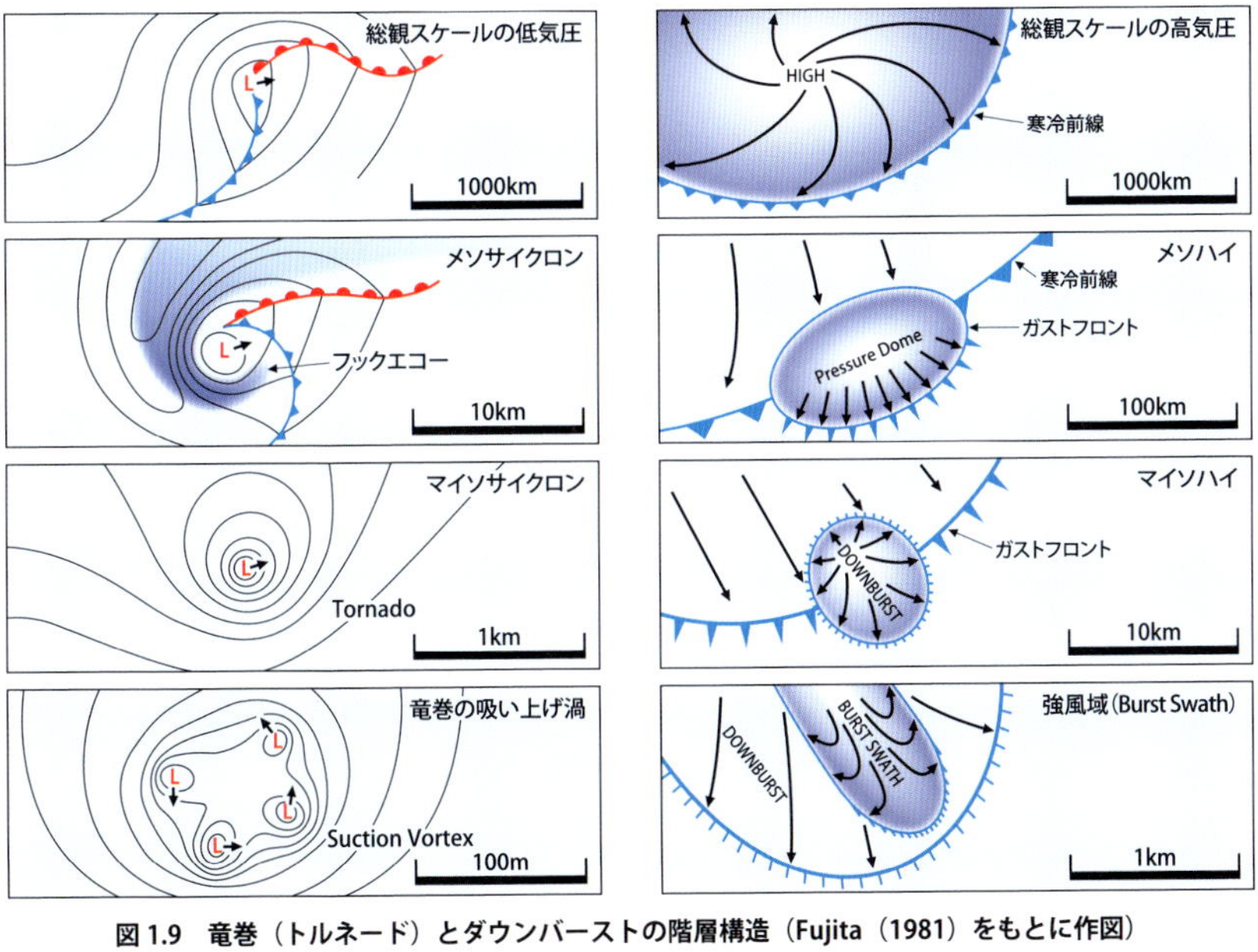

図 1.9　竜巻（トルネード）とダウンバーストの階層構造（Fujita（1981）をもとに作図）

がみられ、burst swath* とよばれます。これが Mosohigh（モソハイ）に相当します。

博士の提案した5個の母音を用いたスケールの概念の名称は、残念ながらすべての用語が定着するには至りませんでしたが、「メソ」、「マイソ」は気象学のさまざまな用語で用いられています。現在、メソスケールをα、β、γに細分化したスケールの名称が一般的に用いられています。積乱雲1個のスケールに相当する、数kmから10km程度のメソγスケール（2km〜20km）、積乱雲群に相当する、数10kmから数100kmのメソβスケール（20km〜200km）、さらに積乱雲群を形成するメソ低気圧や前線などはメソαスケール（200km〜2000km）となります。ダウンバーストの階層構造をまとめると、ダウンバースト群の集合体がマソβ（数1000km）、ダウンバースト群がメソα、ダウンバーストがメソβ、マイクロバーストがマイソ（マイクロ）α、burst swath がマイソ（マイクロ）βスケールに対応します（図1・10）。

＊スーパーセル（supercell）
日本語では単一巨大積乱雲。スーパーセルの組織化には、気温、水蒸気、周囲の風の場という環境条件が重要である。スーパーセル型竜巻は、雲内に存在するメソサイクロンが親渦となり、そこから発生する。メソサイクロンを有する積乱雲をスーパーセルと定義することもある。

＊メソサイクロン
積乱雲内に存在する直径数kmから10km程度の渦（鉛直渦）。竜巻の親渦（parent vortex）に相当することから、「竜巻低気圧」とよばれる。

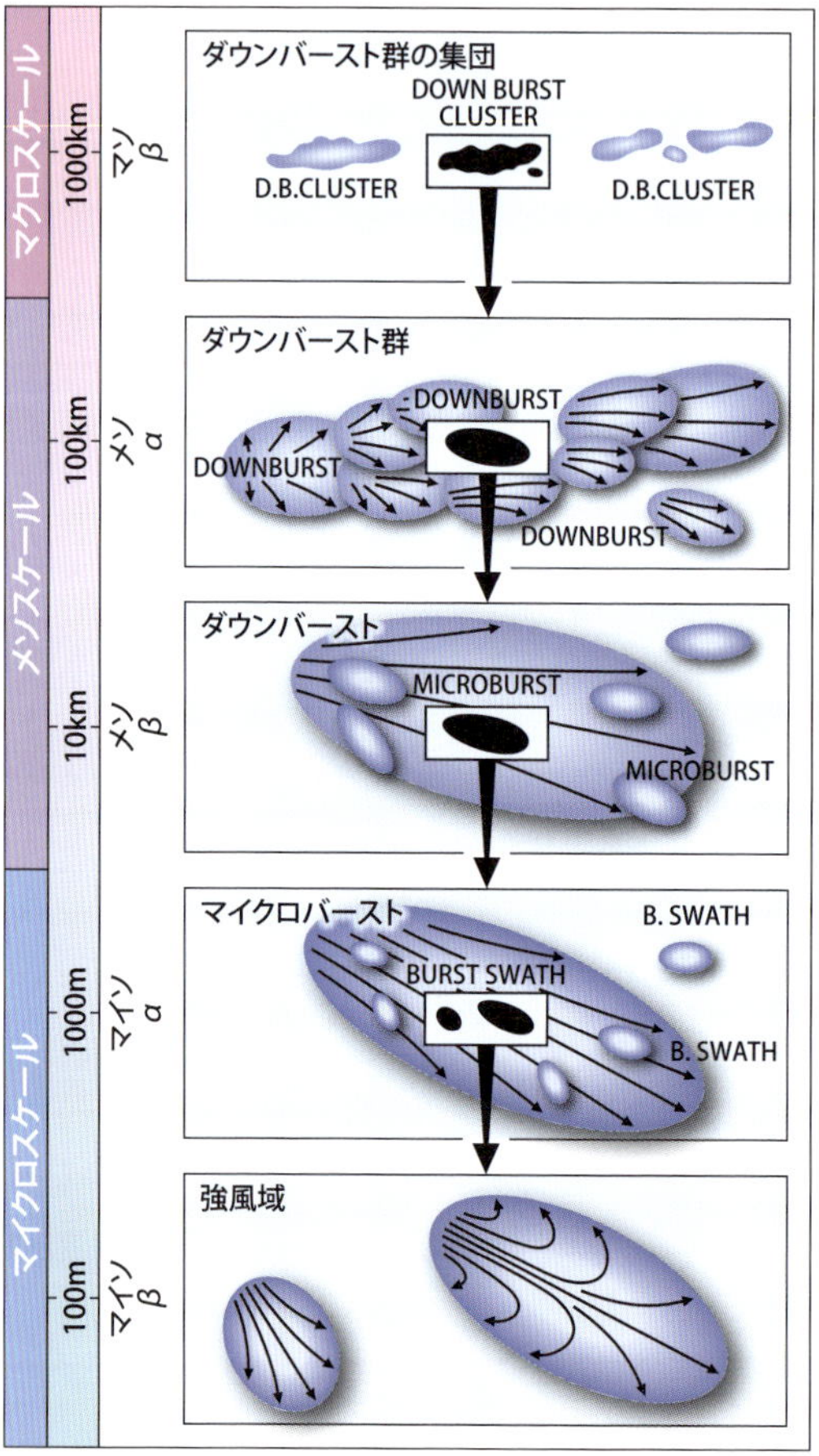

図 1.10　ダウンバーストの階層構造（Fujita and Wakimoto（1981）をもとに作図）

コラム③　ガストフロントと寒冷前線の違い

ガストフロント、寒冷前線とも、暖気と寒気の境界である点、相対的に冷たい空気が進入して形成される点は共通しています。ただし、両者はそのスケールが大きく異なります。寒冷前線は数１００～数１０００㎞の長さを有し、日本列島よりはるかに大きなスケールの寒気が暖気に入り込んできます。前線面の鉛直構造も数㎞あり、大規模（マクロスケール）あるいはシノプティック（synoptic scale）、総観スケール）な現象です。一方、ガストフロントは、水平スケールが10㎞程度を有する積乱雲の雲底からの下降流によって形成されるため、長さ数10㎞、高度数１００ｍのメソスケール（mesoscale）の現象です。寒冷前線は天気図に描ける現象なのに対して、ガストフロントは天気図には現れません。海風前線（sea breeze front）も同じようなスケールを有していますが、原因は異なります。

＊マイソサイクロン（misocyclone）
直径１㎞程度の親渦（parent vortex）。メソサイクロンより1オーダー小さい渦。発音は「ミソ」となるが、「味噌」を連想するので「マイソ」という。

＊メソハイ（mesohigh）
水平スケールで数10㎞を有するメソスケールの高圧部。

＊burst swath
マイクロバースト内に存在する強風域。数１０ｍのスケールを有する強風軸。地上の被害と対応することが多い。

2章　ダウンバーストのメカニズム

2.1 ダウンバーストの定義

ダウンバーストは「積乱雲からの強い下降気流」であり、その水平スケールと発生メカニズムにより次のように定義されています。ダウンバーストの下降流速を直接観測することは困難であり、定量的な定義は難しいため、このような定性的な定義になっています。ドップラーレーダーを用いてダウンバーストの地上発散を観測して、定量的に風速差から求める定義は5・1節で述べます。

ダウンバースト（downburst）
　積乱雲からの下降流による強風域の広がりが1～10km程度のものの総称。

マクロバースト（macroburst）
　ダウンバーストの中で、水平スケール*が4km以上のもの。寿命は5～30分程度で、地上の被害は直線状。

マイクロバースト（microburst）
　ダウンバーストの中で、水平スケールが4km未満のもの。寿命は2～5分程度

*水平スケール
地上被害域の広がりやドップラーレーダーで観測された風の発散パターンの大きさで決められる。

*レーダー反射強度
反射波を受信した電力量。

*dBZ
レーダー反射強度の単位。

で、地上の被害は放射状。

ドライマイクロバースト（dry microburst）

マイクロバーストの中で、地上雨量が０・25㎜未満、あるいはレーダー反射強度＊が35 dBZ＊未満のもの。

ウェットマイクロバースト（wet microburst）

マイクロバーストの中で、地上雨量が０・25㎜以上、あるいはレーダー反射強度が35 dBZ以上のもの。

マクロバーストとマイクロバーストは、主として被害の大きさから区別されることが多く、スケールの大きなマクロバーストでは比較的直線的な強風が卓越し、その中で複数のマイクロバーストが発生して発散的な被害が局所的に生じます。ドライマイクロバーストとウェットマイクロバーストの違いは、発生メカニズムの違いを意味しており、地上降水を伴わないドライマイクロバーストは、雲底下が乾燥しているため、雨滴は急速に蒸発して地上には風だけが到達します（図２・１）。日本のように雲底が低く、雲底下が湿っている環境では、雹や霰という固体粒子などの降水と伴に風が地面に到達する、ウェットマイクロバーストが大部分といえます。

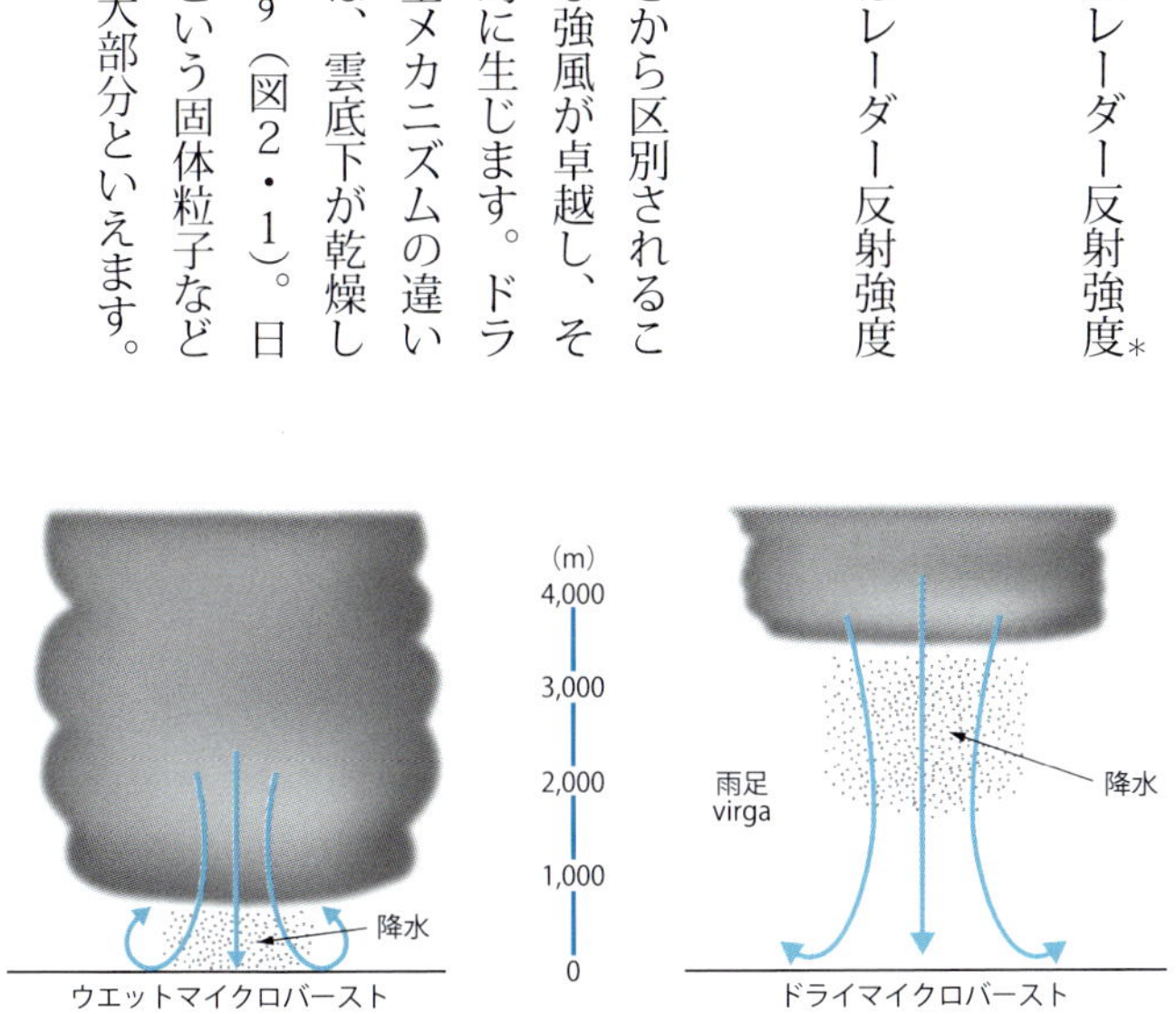

図 2.1　ドライマイクロバーストとウェットマイクロバースト

コラム④　ダウンバーストと普通の下降流の違いは？

ダウンバーストは積乱雲からの下降気流の中でも特に強いものを指します。２・１節で述べたように、ドップラーレーダー観測から地上発散風速を計測して定義づける方法もありますが、常にドップラーレーダーで観ることができるわけではありません。また、下降流そのものを捉えることは、現状の観測体制では不可能といえます。ですから、厳密に「ダウンバースト」と「普通の下降流」を区別するのは難しいと言わざるを得ません。竜巻のように、ある条件が整って初めて特徴的な構造が形成される現象と違って、積乱雲からの下降流は、〝当たり前〟といえる現象です。ダウンバーストも全く被害の生じないものから、顕著な被害をもたらすものまでさまざまですから、被害調査だけでダウンバーストを把握することもできません。

2.2 竜巻、つむじ風、突風との違い

強風災害が発生すると、その原因として「竜巻」、「ダウンバースト」、「突風」という用語がよく使用されます。ダウンバーストと竜巻、突風との違いは何でしょうか。竜巻は、積雲や積乱雲の上昇流に伴う鉛直渦であり、雲底から地面（海面）まで繋がったものをいいます。下降流であるダウンバーストとは根本的に異なりますが、同じスーパーセル内部の現象です。スーパーセルでは、竜巻に隣り合わせでダウンバーストが発生するために、しばしば竜巻とダウンバーストは同時に起こり、

両者の被害も近くで確認されます。被害の現地調査で、竜巻とダウンバースト（マイクロバースト）を識別するのが難しいのはこのためです。

一般に、竜巻渦の中心は気圧が低くなるため、水蒸気が凝結*した漏斗雲《ろうとぐも》*が形成され可視化されます。ただし、海上竜巻*など弱い竜巻は中心気圧の低下量が小さいので、漏斗雲が形成されない例もしばしば観測されます。上空に雲を伴わない、鉛直渦を総称してつむじ風*といいます。つむじ風には、塵旋風《じんせんぷう》*、火災旋風*、山竜巻*など、特別に名前のついた竜巻に似た渦現象が存在します。また、ダウンバーストも竜巻的な渦を生み出します。ガストフロント上では2次的な竜巻（ガストネード）が発生します（3・5節）。すなわち、ダウンバーストの被害の中には、竜巻的な被害も含まれるのです。

わが国では突風の定量的な定義はなく、定性的に「急に風速が強まる風」が定義ですから、大規模な現象からビル風までさまざまな突風が世の中に存在します。「風の息」といわれる風速の強弱でさえ、突風になります。もちろん、竜巻やダウンバーストも突風に含まれます。ただし、竜巻やダウンバーストは特殊な積乱雲（スーパーセル）によってもたらされる特別な風ですから、「竜巻」と「ダウンバースト」は「突風」とは明確に区別されるべきです。

＊凝結
気体である水蒸気が液体である水滴になること。凝結時には相変化に伴う潜熱（凝結熱）が放出される。

＊漏斗雲（funnel）
竜巻渦内で凝結した漏斗（ろうと）状の雲。

＊海上竜巻
海上で発生する竜巻を指す。一般にトルネード（tornado）に対して、弱い竜巻はスパウト（spout）と区別される。海上で発生する竜巻は、ウォータースパウト（waterspout）とよばれる。ウォータースパウトは周囲の積乱雲からの下降流が形成するガストフロント上の渦が、上空の積乱雲の上昇流で引き伸ばされることで発生する。海上竜巻の実態は不明であるが、ウォータースパウト的な比較的弱い竜巻と強い竜巻双方が発生している。

＊つむじ風
親雲が存在せず、地上付近で形成された渦は、竜巻と区別して、つむじ風あるいは、塵旋風（じんせんぷう）とよばれる。英語では、whirlwind（旋風）あるいはdust devil（ダストデビル）。つまり、親雲の中にメソサイクロンが存在する竜巻（トルネード）とは構造が異なる。世の中には、〝つむじ風のように竜巻ではないが竜巻に似た渦〟がさまざま形態で存在する。例えば、ガストフロント上の2次的竜巻（ガストネード）、火山の噴火に伴う竜巻（火山の噴火に伴う上昇流で発生した竜巻のような漏斗雲が報告されている。また火山の噴火では火山雷も発生する）、火災旋風、山竜巻などが知られている。竜巻のような鉛直方向の渦（鉛直渦）は、何らかの外力によって水平渦が立ち上がることが必要であるため、自然界では珍しい現象として認識される。

竜巻以外にもさまざまな“竜巻のような渦”が存在

＊塵旋風
広義には「つむじ風」と同じであるが、熱的な原因（地表面の加熱）で発生するものを指す場合もある。運動会の校庭でしばしば発生するように、強い日射で温められた地上付近の空気塊が、上昇する際に周囲の風の変化を受け渦が形成される。

＊火災旋風（fire whirlwind）
大規模な火災に伴う渦。関東大震災時の火災旋風が有名。

＊山竜巻（mountainado）
山の斜面で発生する大規模な渦。地形の影響で発生すると考えられているが、実態は不明。滑落事故の原因にもなる。

2.3 発生メカニズム

なぜ積乱雲からの下降気流が、このような航空機を墜落させたり、地上の構造物を破壊するほどの力を有しているのでしょうか。日射により地表面の空気塊が熱せられると、気塊の比重は小さくなり浮力を得て上昇します。これが発生初期の積乱雲です。上昇気流で持ち上げられた空気塊に含まれる水蒸気は、凝結して水滴となり雲（積乱雲）となります。積乱雲が発達すると、雲内では雨、雪、雹などの降水粒子となり、粒子の重力が上昇流に勝ると落下を始め、降水粒子を含んだ重く冷たい空気塊自体も下降気流となって地上に達します。この冷やされて重くなった気流は、地上で四方八方に発散するため、積乱雲からの下降気流は地面にぶつかって水平方向に広がり、地上付近では発散風となります。藤田博士が背振山で観測した、積乱雲から下降流が広がる様子は、一般的な性質といえます。

　もともと空気の重さは、下降流がない晴天時にも結構な重量があります。標準的な気圧（1気圧）時に、地上に居る私たちの双肩には、1㎠当たり、約1kgもの重さがかかっています。つまり私たちは日頃から片肩に数kgずつのおもりをつけて生活しているわけです。ダウンバーストは、これに上空からの下降流のエネルギーが加わるわけですから、はるかに大きな力が生

水蒸気（気体）から
水（液体）になったり
氷（固体）になったりすると
雲が生まれるよ。
バブー

じます。

ダウンバーストの発生原因は次の3つが考えられています。①雨粒が落下中に蒸発し、蒸発による冷却（evaporation cooling）*のため空気の塊が冷やされ密度が高くなり、重くなった空気が下降して地面にぶつかるという効果。②雹などの大きな固体粒子が落下中に空気を引きずる力（drag force）*により下降流が強められる効果。③上空の運動量*が下向きに運ばれる効果、の3点です。アメリカの中西部

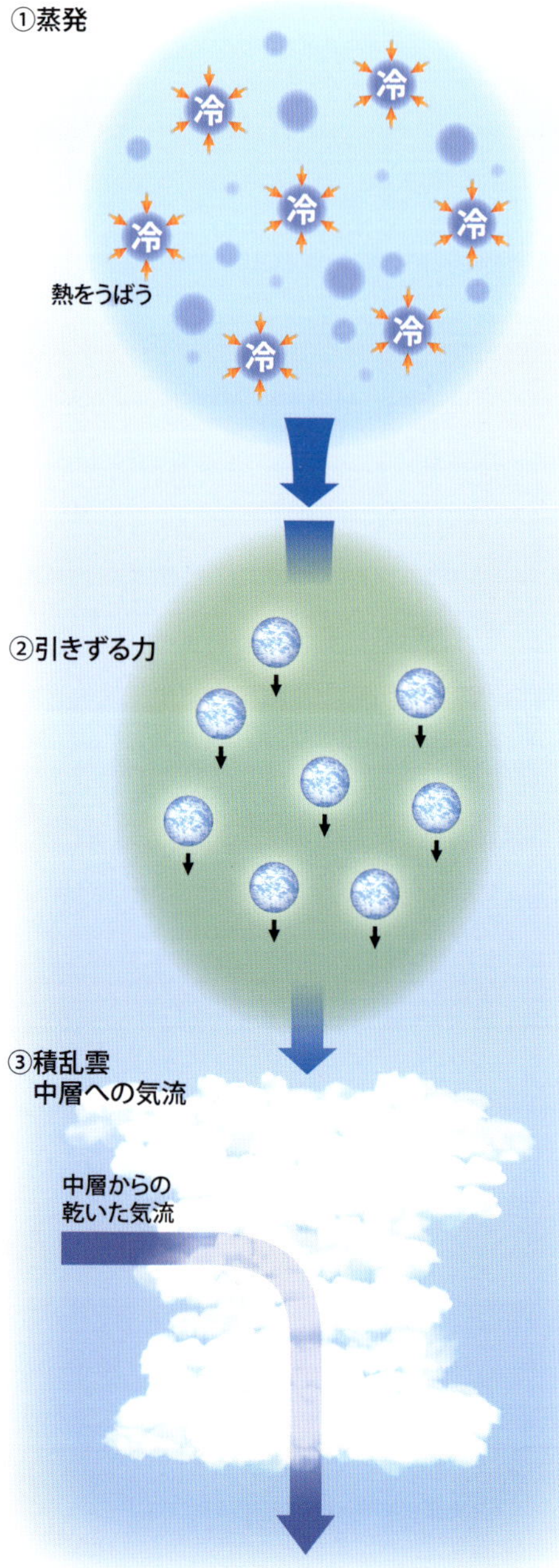
①蒸発
冷
熱をうばう
②引きずる力
③積乱雲
中層への気流
中層からの
乾いた気流

*蒸発による冷却（evaporation cooling）
液体である水滴が気体である水蒸気になる時、熱（蒸発熱）が奪われるため、空気塊の温度は下がる。

* drag force
大粒径の固体粒子が落下する際、粒子が空気塊を引きずる力。

では雲底高度*が高く、雲底下が非常に乾燥しているため、雲底下で雨滴が蒸発する効果が大きく働きます。アメリカ中西部のコロラドなどで発生する積乱雲をみると、最盛期の積乱雲からの激しい降雨が地上に達する前に蒸発している様子がよく観測できます。図２・２はコロラド州デンバーで開催された国際会議に参加した際、会場から滞在ホテルに帰る途中に遭遇した雷雨の写真で、接近してくる積乱雲（サンダーストーム）の前面にアーク（３・２節）が形成され、後方（写真右）には降雨が筋のようになった雨足*を確認することができます。地上付近が乾燥しているため、雲底下の降雨がみるみる蒸発して雨足が顕著になるのです。

一方、日本では雲底が低く、雲底下の空気が湿っている（相対湿度で85％以上）ため、ダウンバーストの成因は、固体粒子の引きずる力（drag force）の効果が大きいと考えられています。ちなみに、日本で大きな被害をもたらしたダウンバーストの事例をみると、１９９１年６月27日の岡山（岡山ダウンバースト、被害のスケールＦ２）、１９９６年７月15日の茨城県下館（下館ダウンバースト、被害

図 2.2　コロラド州デンバーで観測された積乱雲からの降水

のスケールF２）、２０００年５月24日の関東地方（最大瞬間風速31ｍ/ｓを記録し、１６０名を超える負傷者、75億円の農業被害、２５０００件を超える建物被害）、２００３年10月13日の千葉県、茨城県（最大瞬間風速45ｍ/ｓを記録し、港湾クレーン６基が倒壊落下する被害、被害のスケールF２）などが報告されています。これらの被害では、ダウンバーストと同時に降雹が確認されており、ピンポン玉、みかんほどの大きさの雹が観測されています。下館ダウンバーストでは、最大直径８㎝の降雹が観測されました。

上空の運動量が下向きに運ばれる効果というのは、スーパーセル構造の中で顕著な現象であり、高度５㎞の中層で相対的に乾いた風が雲内に入り込んで下降流と一緒になり強めるというものです。さらに、雲内に入った気流は乾いているため、蒸発の効果（evaporation cooling）を促進し、下降流をさらに強めるのです。

2.4 ダウンバーストの可視化

ダウンバーストは下降する空気の塊ですから、通常は目には見えません。しかし、積乱雲からの雨、雪、雹、霰といった降水粒子を伴っているために、雲底から降水や降雪が地上に達する過程で、降水粒子によって多くの場合可視化されます。積乱雲の最盛期には降水が卓越し、雲底から地上（海面）まで降水域として確認することができます。この降水域が下降流域にほぼ対応しており、私たちはこのような降水をみて無意識に下降流を認識しているのです。しばしば積乱雲からの降水は、

＊**上空の運動量**
中層から上層の相対的に高い風速を有した気流の持つエネルギー。

＊**雲底高度**
未飽和の気塊は、ある高度に達すると飽和状態になる。この高度が凝結高度、すなわち雲底高度となり、「持ち上げ凝結高度（地上の未飽和気塊を持ち上げて飽和に達する高度）」ともいわれる。地表面付近の空気塊は通常それほど不安定ではなく、なかなか自由に対流は生じないため、〝そこまで持ち上げると雲ができる〟という表現になる。凝結高度（h）は、「$h = 120(t - t_0)$」、t：気温、t_0：露点温度」で求めることができる。日本周辺における積乱雲の雲底高度はだいたい８００ｍ～１㎞程度。

＊**雨足**（virga）
雨や雪の降水が雲底から落下し、途中で蒸発して地面まで達していない状態。尾流雲ともいう。降雪の場合は「雪足」という。

図 2.3　東京湾で発生した積乱雲からの降水

図 2.4　雪雲からの降水（降雪）

図 2.5　乳房雲からの降水

図 2.6　降雪により可視化されたダウンバースト

シャフト状に降水域がみえ周囲と明確に区別できます（図2・3）。〝夕立は馬の背を分ける〟といいますが、まさに積乱雲からの降水は局地的であり、下降流も局地的であることがわかります。降雪雲からの降水も同様です（図2・4）。雪（雪片）はヒラヒラ舞うようなイメージがありますが、霰を伴う降水には強い下降流が存在します。

珍しい写真を示しましょう。図2・5は、乳房雲*がはじけて降水が始まった瞬間のスナップショットです。乳房雲は、氷晶や雨滴などの降水粒子が雲底で局所的にまとまるために半球状になります。雲底から落下しようとする降水粒子と雲底下の風速の関係で形成されると考えられていますが、そのメカニズムは完全には解明されていません。乳房雲は、高度10㎞付近における積乱雲のかなとこ雲から、層積雲、乱層雲（雨雲）といった下層雲までさまざまな雲に伴って発生します。この写真では、降雪雲の雲底にできた乳房雲からちょうど降水が始まり、雪足が観測されています。図2・6は、降雪によってダウンバーストの前面が可視化された事例です。この写真は、小松空港で観測したもので、ダウンバーストが地面に当たり、まさに地上を発散しようとする瞬間、ダウンバーストの前面が降雪粒子により可視化された瞬間の一枚です。

ダウンバーストがぶつかった地面の状態によっては、地上付近の砂ほこりなどが巻き上げられ可視化されることもあります。砂漠などでは、アウトフロー先端の鉛直循環が砂ほこりでしばしば可視化されます。乾燥地域で発生する大規模な砂嵐*の

＊乳房雲（mammatus）
雲底下にできる袋のような丸くなめらかな突出部を指す。積乱雲のかなとこ雲以外にもさまざまな雲で形成される。

＊砂嵐
直径1㎜以下の砂を含んだ強風が吹き荒れる現象で、砂暴風ともいわれる。中でも幅10㎞、高さ100ｍ以上に達する砂の壁が襲来する場合、砂塵嵐（さじんあらし）とよばれる。エジプト南部を襲う砂塵嵐はハブーブ（haboob）とよばれ有名。

メカニズムも積乱雲からのアウトフローと類似しており、壁のような巨大な砂の塊が迫ってくる様子がしばしば観測されます。

2.5 スノーバースト

降雪雲に伴う強い下降気流は、スノーバースト（snowburst）とよばれます。夏季の積乱雲に比べて水平・鉛直スケールとも小さい日本海上の雪雲ですが、海岸線で急速に発達して、雲内では紡錘形の雪霰《ゆきあられ》*が形成されます（図2・7）。これは、降雪雲内に強い上昇流が存在することの結果であり、発達した降雪雲からはしばしば〝冬の竜巻〟も発生し、winter tornado*とよばれます。また、霰が主役となり電荷分離が進み、落雷（冬季雷）*も発生します。

図 2.7　雪霰

*雪霰（graupel）
ゆきあられ。一般に、直径5㎜以上の氷粒子を雹、5㎜未満を霰（あられ）として分類されるが、降雪雲に伴う紡錘形をした固体粒子は雪霰とよばれる。

*winter tornado
降雪雲に伴い発生する竜巻。原因は、低気圧・前線、寒気内低気圧（ポーラーロウ）、局地前線、一様な季節風下とさまざまであり、発生の実態やメカニズムは不明な点が多い。

*冬季雷
暖候期の背の高い積乱雲からの落雷（夏季雷）に対して、背の低い降雪雲からの落雷をいう。

対馬暖流*が流れる日本海沿岸域では、寒気進入時に大量の水蒸気を得て対流雲が急成長する、気団変質*の過程により、多量の降雪が観測されるのです。沿岸で発達した雪雲は、上陸時に真っ先に大きな降水粒子を落とし、降雪とともに雲自体も衰弱し消滅します。固体粒子である、数㎜から数㎝程度の雪霰が下降流を強化しスノーバーストが発生します。日本海沿岸では、北西季節風下で断続的な降雪雲の上陸時にスノーバーストによる突風が観測されます。また、冬季雷も沿岸域に集中します。

　スノーバーストの成因は、霰による下降流強化と考えられますが、どのような雲で霰が形成されるのでしょうか。一般に、降雪雲内では−10℃の高度で霰が形成されます。夏季の雄大な積乱雲であれば、地上気温が30℃、圏界面付近の気温が−55℃くらいですから、−10℃レベルは必ず雲内に存在します。一方、降雪雲の雲頂高度*は低いため、気温の鉛直分布*によって−10℃レベルが雲内に存在することもあれば、存在しないこともあります。冬季日本海沿岸では北西季節風下で多くのスノーバーストが発生すると考えられています。スノーバーストは交通障害や航空機の離着陸に影響をおよぼす原因となります。また、地吹雪*の原因も降雪雲からの下降流であると考えられていますから、スノーバーストがきっかけで地吹雪が起こるともいえます。

＊対馬暖流
黒潮から分岐して日本海沿岸を北上する。冬季でも海水温度が高く、5℃~7℃程度はあるため、上空5㎞（500hPa）に第1級の寒気（−36℃以下）が来れば、温度差は40℃を超え不安定になり、対流（雪雲）が発生する。

＊気団変質
気団がその性質を変えること。寒冷・乾燥のシベリア気団は日本海を渡る間に多量の水蒸気を得て、日本海沿岸に雪をもたらす。すなわち、乾燥した気団が湿潤に変化する。

＊雲頂高度
雲の最高到達高度。直接測定することは難しく、衛星観測の赤外画像（温度分布）から推定されることが多い。レーダーで見たエコー頂高度はエコートップ（echo top）といわれ、雲頂高度とは区別される。

＊気温の鉛直分布
例えば、真冬の北海道であれば地上気温が−10℃くらいになるため、雲内の気温はもっと低くなる。そのため、霰の生成は不活発であり、落雷も起こらない。

＊地吹雪
いったん降り積もった雪粒子が風により地面付近を移動する現象。

スノーバーストは1990年にその存在が、北海道大学の気象学者*により発見されました。札幌（石狩平野）におけるドップラーレーダー観測により、降雪雲からの霰と伴に強い下降流が発生することが発見され、暖候期のダウンバーストと構造やメカニズムが異なることから、スノーバーストと命名されました。降雪は日本海沿岸の広い地域で観測されますが、他の地域での存在はよくわかっていませんでした。そこで、著者はこのような降雪雲からの下降流の実態を明らかにするために、1994年から1996年にかけて北陸沿岸の石川県と福井県で、2007年から2009年にかけて東北の日本海側（山形県）で気象レーダーや地上気象観測器材を用いた観測を行いました。複数の地上気象観測地点で捉えた突風（ガスト）発生時の、気象要素（気温、気圧、水蒸気量）の変化や、上空に積乱雲に伴う対流性エコー*が存在するかどうかを検証したのです（5・5節）。

＊北海道大学の気象学者
理学部地球物理学科の当時の城岡（大学院生）と上田准教授により発見。Shirooka and Uyeda（1990）で発表された。

＊対流性エコー
積乱雲をレーダーでみると、鉛直方向に孤立して発達したエコーが確認できる。対流性エコーに対しては層状性エコー。

3章　ガストフロント

3.1 ガストフロントの構造

ガストフロント（突風前線）は、積乱雲からの下降流が地面にぶつかり水平に発散するアウトフローの先端部分です。アウトフローは、密度の高い重い流体が、軽い流体の下を流れる2層流体として理解され、重力流*あるいは密度流*といわれます。例えば、真水の中に海水が入り込む場合や湖底で真水のなかに泥水が入り込む過程など、重い流体が軽い流体の下にもぐり込み進行するのが重力流です。ドライアイス*を用いると重力流の室内実験を簡単に行うことができます（図3・1）。密度の高い炭酸ガスは実験机の上を広がりながら進行しますが、円弧状に広がる先端には凹凸が生じ、また流れ出し方も奥から手前にかけて強弱があることがわかります。横からみると数回の波動が確認され、波動に伴い渦が形成されていることがわかります。ドライアイスでみた重力流の振る舞いは、ダウンバーストが地上を発散する様子をよく再現しています。

ダウンバーストで重要なのは、アウトフローの先端であるガストフロントの構造です。図3・2に示したように、ガストフロントではアウトフローが反転して、周囲の暖湿気との間に前線構造を形成するからです。アウトフローの厚みに対して、

*重力流（gravity current）
密度の高い流体が密度の低い流体の下に潜り込んで流れること。

*密度流（density current）
重力流と同じ。

*ドライアイス
空気より重い二酸化炭素（炭酸ガス）が昇華（固体から気体に相変化）して可視化される。

ガストフロントではアウトフローが反転する鉛直循環（ヘッドの循環）が形成されるために、ヘッドの厚みは2倍に達し、特徴的な構造を有しています。ガストフロントの先端は、その形状から「鼻」とよばれています。そこでは、気圧の急上昇も観測されるため、気圧の鼻*ともよばれます（3・3節）。また、ガストフロント上空には、暖湿気が上昇して凝結することにより「アーク」とよばれる、特殊な積雲が形成されることがあります。

　ガストフロントのヘッドの具体的な構造をみましょう。図3・3は、ドップラーソーダ*を用いて観測されたヘッドです。高度５００ｍに達する鉛直循環（ヘッドの循環）は、時間的に先行する上昇流とその後の下降流で構成されていることがわかります。地上の突風は、ヘッド循環の前面上昇流と同時刻に観測され、循環の先端に存在する上昇流によって発生したのです。上昇流と後面の下降流両方とも鉛直風速は５ｍ/ｓを超え、鉛直速度としては大きな値を示しました。上昇流と下降流のピークは、高度２００ｍ～３００ｍに位置していましたが、地上付近でも20ｍ/ｓを超えるような強風域が認められました。また、この循環の後に弱いながらもう1回循環が存在し、ガス

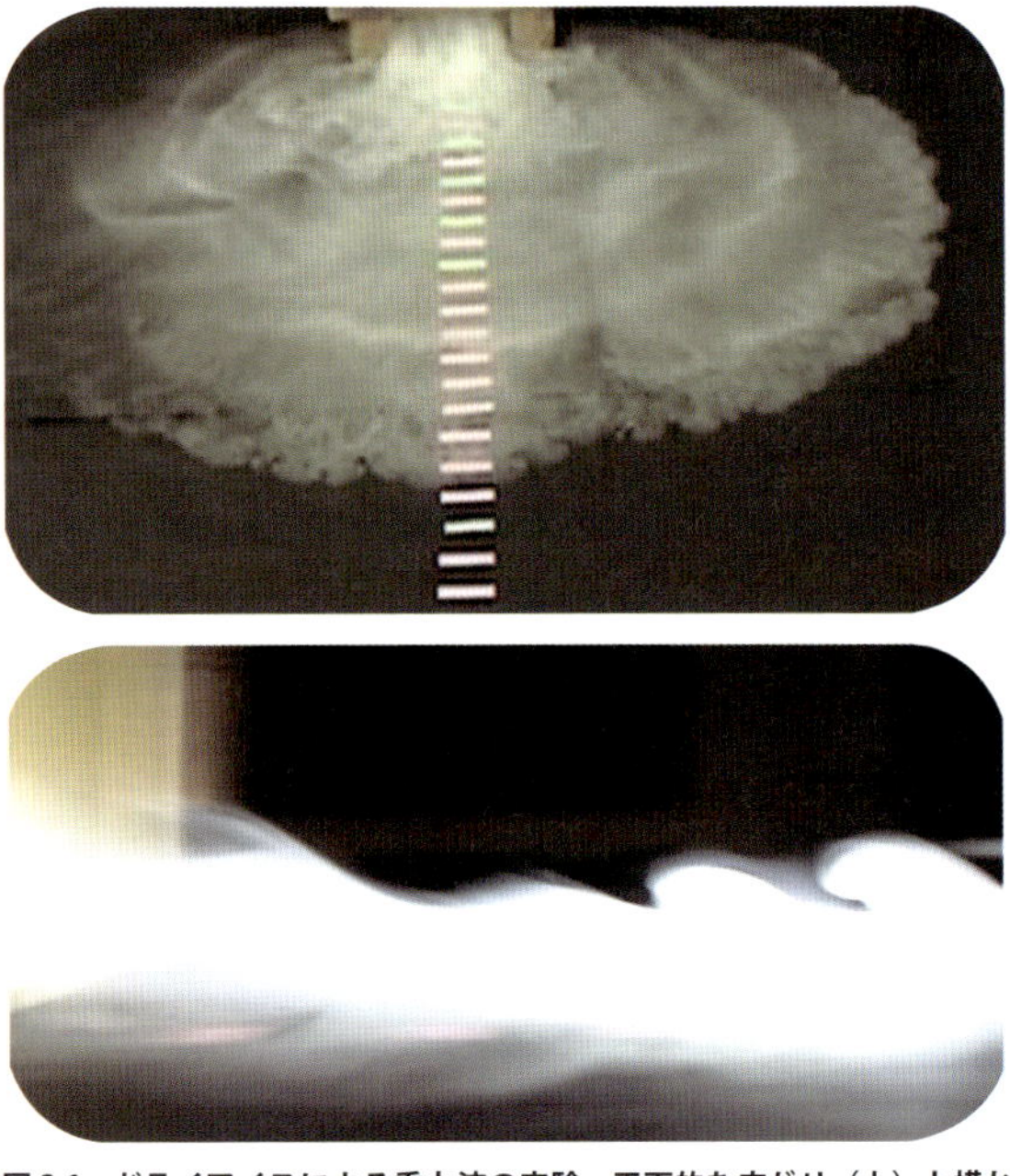

図 3.1　ドライアイスによる重力流の実験．平面的な広がり（上）と横からみた構造（下）．

*気圧の鼻（pressure nose）
ガストフロントにおける気圧の急上昇、あるいはガストフロントの先端部分の形状を指す。

*ドップラーソーダ（Doppler sodar）
音波レーダー。筒状のパラボラから音波を出して、温度成層からの反射波を測定し、高度1㎞程度までの風の鉛直分布を観測することができる。ドップラーソーダによる観測は晴天時に適しており、海陸風などの局地循環、積乱雲周辺下層大気の環境場などを調べることができる。図4・5を参照。

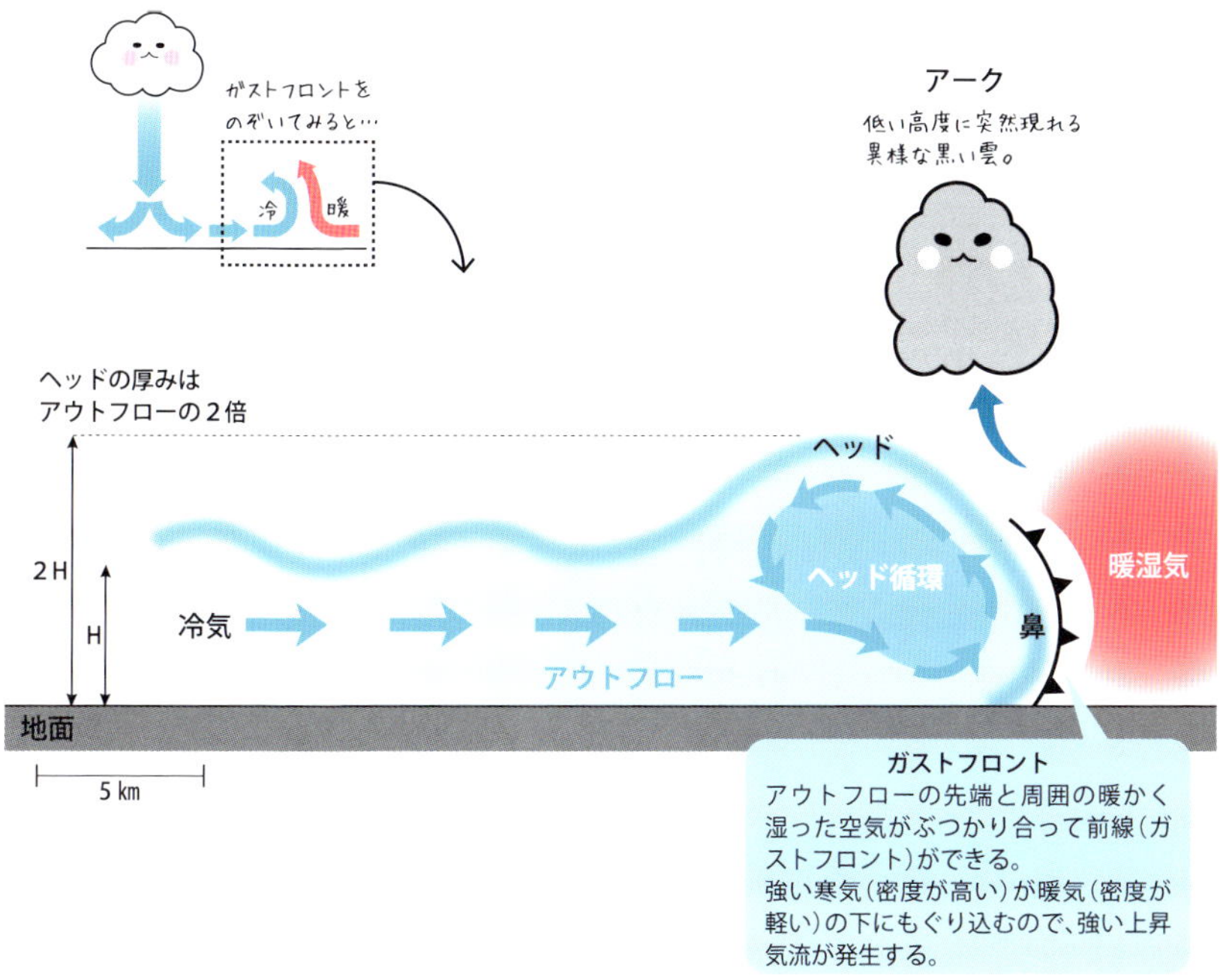

図 3.2　ガストフロントの構造（Charba（1974）をもとに作図）

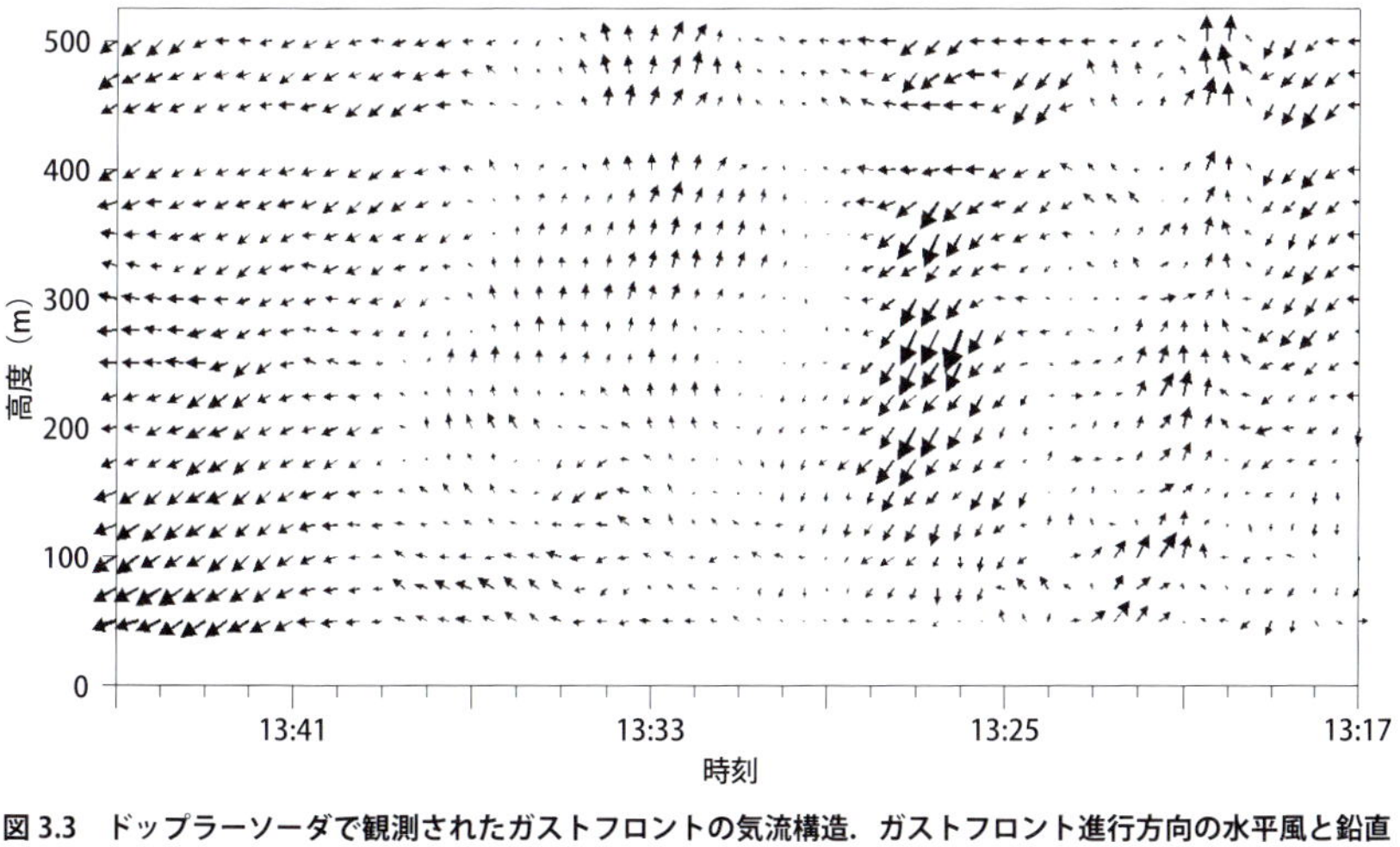

図 3.3　ドップラーソーダで観測されたガストフロントの気流構造．ガストフロント進行方向の水平風と鉛直流を風ベクトルで表した時間 - 高度断面図．

トフロントは複数の循環が存在する、複雑な構造を有していることがわかります。鉛直循環のスケールは時間で約5分間、空間スケールに直すと約５㎞ですから、ガストフロント通過時には少なくとも10分程度は周囲の状況に注意して嵐が通り過ぎるのを待つべきなのです。

コラム⑤　ダウンバーストとガストフロントの違いは？

ガストフロントはダウンバーストが地上を発散するアウトフローの先端ですから、ダウンバーストの一部といえます。構造上は、「積乱雲からの強い下降気流」がダウンバースト、「アウトフロー（水平風）の先端」がガストフロントと明確に区別されていますが、実際の現象では両者が明瞭に区別できる場合とそうでない場合があります。

3.2 アークの形態

ガストフロント上では、アーク（Ａｒｃ）とよばれる特殊な積雲がしばしば発生します。アークは、積乱雲に付随する雲に分類され、ガストフロントに沿いアーチ（円弧）状に積雲*が形成されるため、「アーチ雲」という場合もあります。ガストフロント上では、周囲の暖湿気が上昇することでしばしば雲底高度より低い高度で雲が形成されます。何故、雲底高度より低い高度で雲が発生するのでしょうか。ガス

*アーチ状の積雲
アーチ雲ともよばれるが、正確には「アーク（arc, arcus cloud）」。低く水平な形の雲がガストフロントに沿って形成されるため、ロール雲や棚雲など低い水平な雲がしばしば観測されるが、環境条件によっては積雲が円弧（アーチ）状に並ぶこともある。

トフロントの前面に沿って放射状に雲が形成されることからもわかるように、ガストフロント前面の低圧部（メソロウ*）で気圧が降下することにより凝結が起こると考えられます。このアークによってガストフロントの形状が可視化されることにより、ガストフロントが存在するサイン、つまり身を守るサインとなります。わが国でも顕著なダウンバースト被害時にはアークが報告されています。

アークは、通常の雲底よりかなり低い高度（地上高200～300m）に形成され、手の届くような低い高度に突然現れる異様な黒い雲のため、ガストフロント固有の雲といえます。アークの形状は千差万別ですが、周囲の気温や湿度の環境条件により大きく影響されます。もちろんガストフロントに雲が形成されないことも多いのです。アークの形態は、積雲が円弧（アーチ）状に並んだものから、水平スケールが数10㎞に達する一つのロール状の雲として確認されるアーク、あるいは厚い積雲に覆われることもあり、多種多様です（図3・4）。きれいな構造のアークだけではなく、その時の環境条件により複雑でわかりにくいアークもしばしば発生します。また、アークの寿命は長くても数10分程度で、時間変化も著しいため、竜巻同様捉えるのは容易ではありません。また、アークはしばしば2層など多層構造を示しますが、その理由はよくわかっていません。

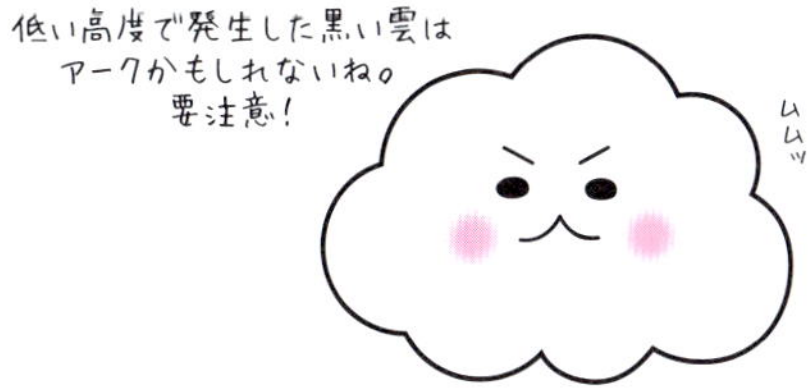
低い高度で発生した黒い雲はアークかもしれないね。要注意！
ムムッ

*メソロウ（mesolow）
メソスケールの低圧部。

成
あの雲は…
はて？

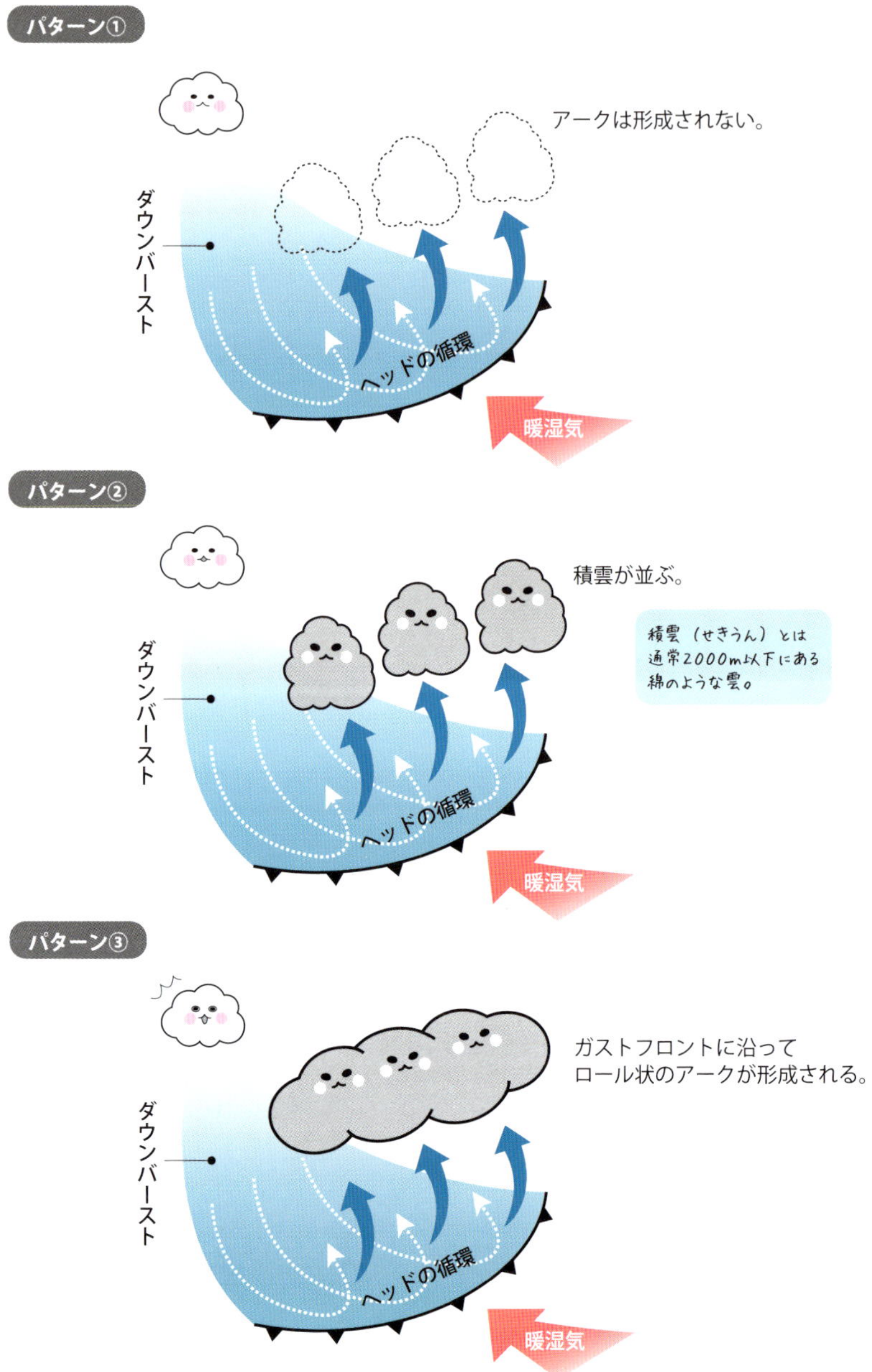

図 3.4　アークの発生パターン．パターン①はアークが形成されない場合．パターン②は積雲が並んだ場合．パターン③はガストフロントに沿って層状（ロール状）のアークが形成される場合．

さまざまなアークの形態

まずは、さまざまなアークをみましょう。一般にアークは、積乱雲の前面下層に形成される、ロール状構造の雲ですが、注意してみないとなかなかわかりません。図3・5は、積乱雲に先行する形で発生したアークです。庇（ひさし）のように突出した雲と先端のロール状の積雲が特徴的です。このアーク通過時には、各地で突風が観測され、被害も生じました。図3・6は、石狩平野の札幌市内で観測された事例です。激しい降雪（霰）が迫っている様子がいくつもの雪足で確認することができます。この数分後、アークが形成され、アーク通過と同時に霰を含んだ猛吹雪になりました。絶対的な水蒸気量の少ない厳冬期においてもアークが形成されることがわかりました。図3・7はいくつかの下降流が一体となって形成されたアークです。発達中の複数の積乱雲（積乱雲群）からの下降流が一つになり、数10kmにおよぶスケールのガストフロントが形成され、進行した事例です。長くうねったアークが特徴的です。この時、最下層のアークの上空にはもう一つのアークが確認でき、2層構造のアークが形成されているのがわか

図3.5　2007年4月4日に横須賀で観測されたアーク

ります。厚い積雲に覆われたアークもしばしば観測されます（図3・8）。この写真から異様な乱れの雰囲気は伝わってきますが、ガストフロントの構造を想像するのは難しいものがあります。アークの前面の詳細を捉えたのが図3・9であり、小さな積雲がいくつも並んでアークが形成されることがわかります。また、しばしばアークの周辺には、片乱雲に分類されるちぎれ雲*が発生することもあります。アークの裏側を捉えたのが図3・10であり、この写真をみてもガストフロント上のアークは積雲で構成されていることがわかります。

***ちぎれ雲**（**scud cloud**）
積乱雲の雲底から引きはがされた片乱雲で、寒冷前線やガストフロント上あるいはその後方に見える。この雲はアウトフローのように、一般には湿った冷たい空気塊に伴い発生する。

図3.6　2002年2月18日に札幌で観測された降雪雲（上）とアーク（下）

図 3.7　2009 年 8 月 24 日に横須賀で観測された複数の積乱雲からのアウトフローが一体化したアーク

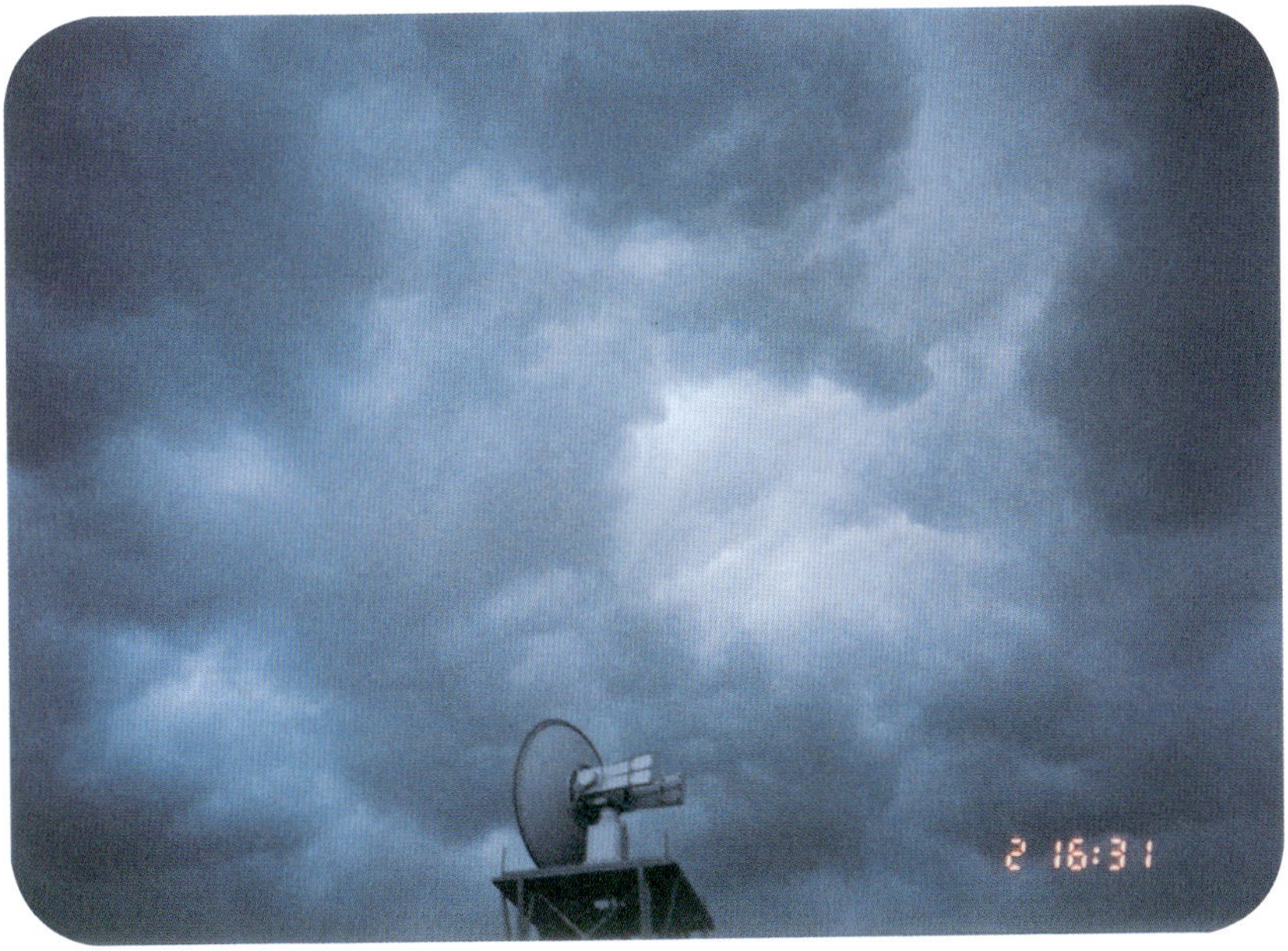

図 3.8　厚い積雲に覆われたアーク

図 3.9 （上）アークの前面と（下）アーク形成時のちぎれ雲

図 3.10　アークの裏側

アークの時間変化

アークの時間変化を具体的な事例で紹介しましょう。図3・11は、1994年9月17日に三浦半島東岸で発生した雷雨を撮影した連続写真です。このアークは雷雨に先行して広がったため、アークの微細構造が鮮明にわかりました。積乱雲のレーダーエコー*は三浦半島の東側に存在し、強い降水域を表す強エコーが観測点（図

図 3.11　1994 年 9 月 17 日に三浦半島東岸で発生した積乱雲に伴うアークの時間変化

***レーダーエコー**（radar echo）
レーダー電波の後方散乱物体から反射した電力量。

3・12のA点）の東、東京湾上にあったことがわかります。各写真の左側（南東方向）が暗くなっているのは降水のためです。アークは積乱雲本体の西方に形成され、西に進行していきました。アークの形状は、スカートのように襞《ひだ》があり円形に広がっています。襞に相当する凹凸は、出っ張り（lobe）＊と裂け目（cleft）＊の構造といわれ、ガストフロントの微細構造を表しています。この時のアークの雲底高度は約200m、雲層は約400mあったと推定され、通常の積乱雲の雲底高度（約1km）に比べてはるかに低い高度でした。15時58分までの3分間にアークは西進しながら、その形状も大きく変化しました。アーク前面の傾斜角は大きくなり、雲層の厚みも増し、アーク上空にもう一つの雲も形成されました（2層構造）。アーク先端の移動速度は、14m／s（時速50km／h）と見積もられました。図中B点で観測された風速記録には、アーク通過時に移動速度とほぼ等しい14・4m／sのガストが記録されました。この風速計の記録をみると、4m／s程度の弱い風が吹く中、突然10m／sを超える突風が生じたことがわかります（図3・13）。さらに詳しく見ると、2回の風速の立ち上がりが観測されています。すなわち、ガストフロントの微細構造として、第1波、第2波が存在したことを示しています。つまり、アウトフローの内部構造として間欠的な複数のダウンバーストを反映し

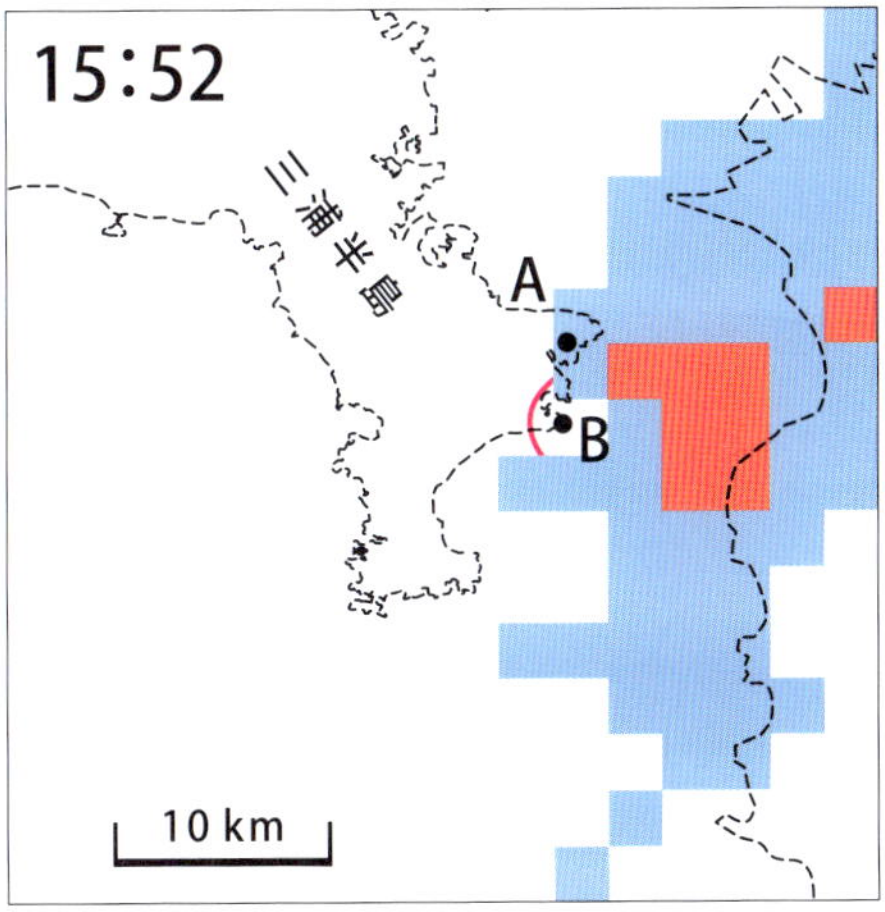

図 3.12　レーダーエコー強度パターン

＊ Lobe
出っ張った凸の部分。
＊ Cleft
引っ込んだ凹の部分。

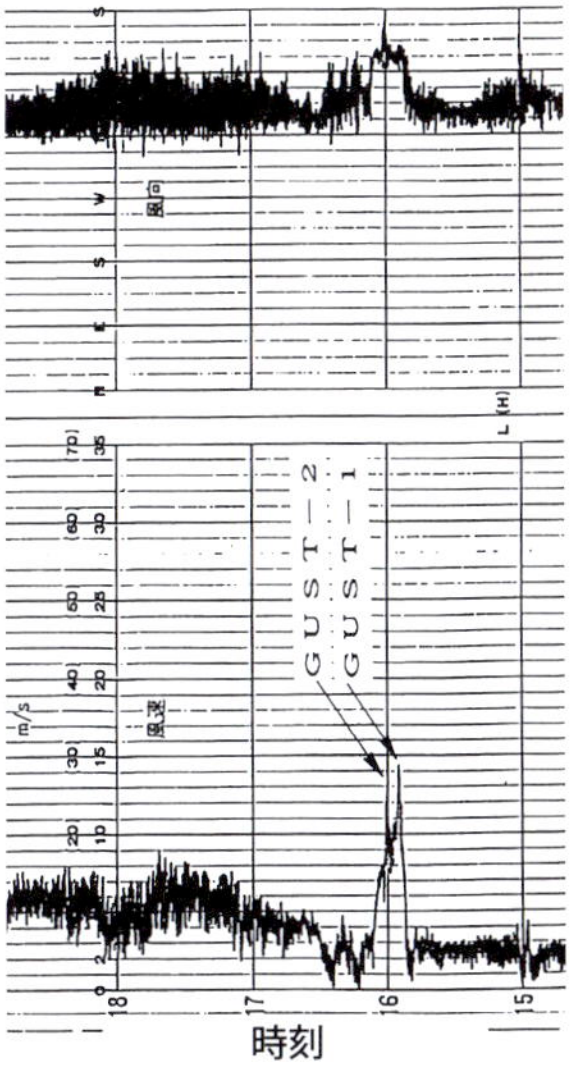

図 3.13　アーク通過時の風速自記記録

て、複数のガストが存在していたのです。
２００4年7月11日13時頃、観測地点をアークが通過しました。当日は朝から積乱雲が湧く不安定な大気状態であり、11時すぎから横浜で積乱雲が湧き始めたので、ドップラーレーダー、ドップラーソーダ、地上気象観測、ビデオカメラと複数台のカメラによる観測を開始し、ガストフロントに沿って暖気が滑昇してアークが形成される過程とガストフロントの微細構造を捉えました。この事例に関して、ドップラーソーダで捉えたヘッドの循環は前節で述べましたが（図３・３）、地上観測でみた突風構造は３・4節で、ドップラーレーダーで観測した結果は５・１節で紹介します。まずは、雲の様子をみていきましょう。

12時ごろから積乱雲が神奈川県内で発生、発達し、積乱雲からの強い下降気流（ダウンバースト）が横浜市内で発生しました（ダウンバーストによる被害は報告されませんでした）。このダウンバーストの地上発散（アウトフロー）はちょうど観測地点（横須賀）に向かっており、ガストフロントで形成されたアークの一部始終を観測することができました。ガストフロント上には周囲の暖湿気が上昇して形成されたアークが目の前に迫り、横浜から横須賀にかけて刻々と近づいてくるのがわかりました。

ガストフロント通過直前に観測されたアークをみると、真っ黒い積乱雲下部に円弧状に広がり、地上付近とその上空に2層の構造で形成されていることが

わかります（図3・14）。ガストフロント通過時のアークを真下から捉えたのが図3・15です。アークの前面はたいへん滑らかできれいな雲にみえますが、ガストフロント上を暖湿気が滑昇して、ある高度から水蒸気が凝結して雲が形成されるため、このような形状になります。一方、アークの雲底は平坦ではなく凹凸が大きく、強い気流の乱れが存在することがわかります。さまざまな大きさの渦や上昇流が入り乱れて存在するのは、図3・2で示したヘッド上部の乱れの大きな場所に相当するからです。アークの先端がまさにガストフロント（突風前線）であり、実際地上でも突風が生じました。この構造は、図3・3で示したヘッド循環前面の上昇流に対応します。観測点でもビデオカメラの三脚が飛ばされまし

図 3.14　2004 年 7 月 11 日に横須賀で観測されたアーク（13 時 01 分）

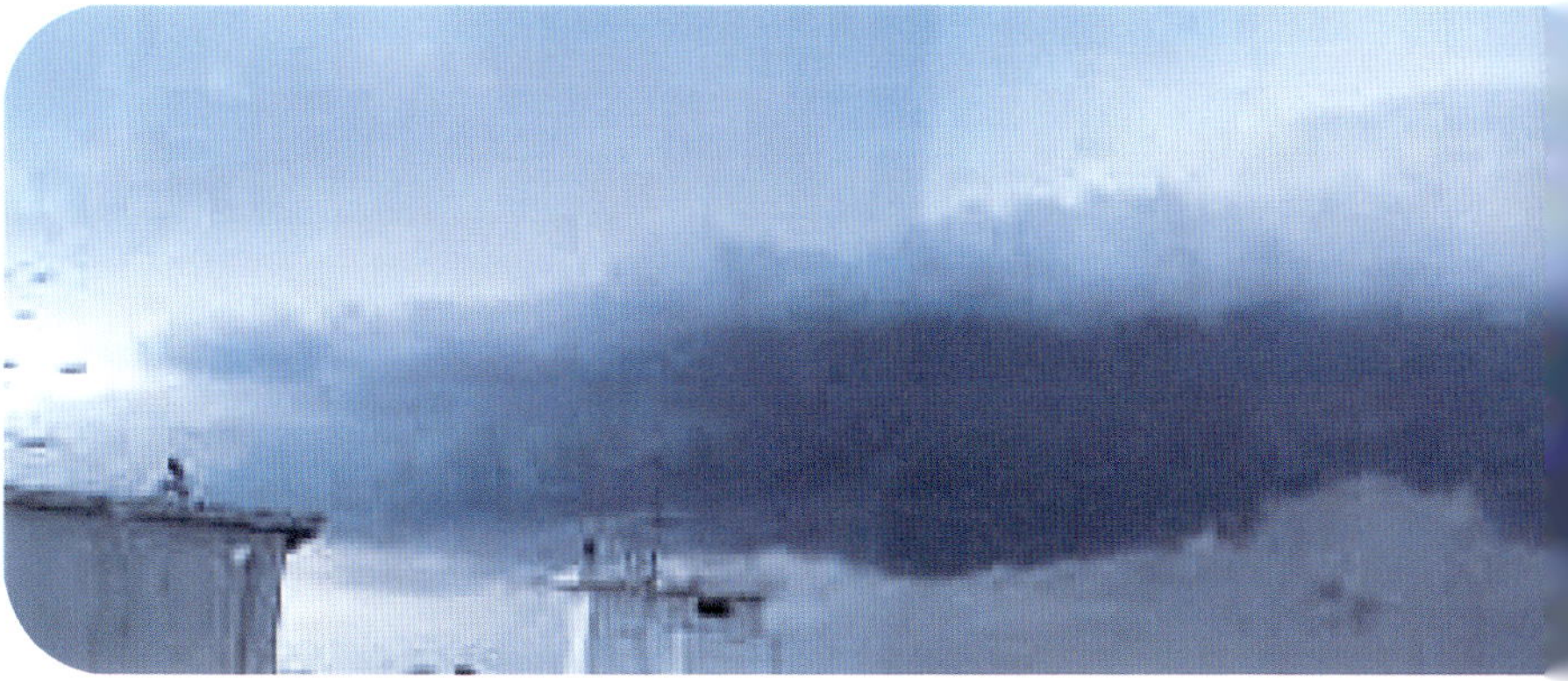

図 3.15　観測地点通過直前のアーク（13 時 10 分）

図 3.16　ガストフロント通過後のアーク（13 時 15 分）の 3 形態

た。よく、屋外に居てガストフロントに遭遇した人から、「突然上空に雲がかかり突風が吹いたのでびっくりした」という声を聞きますが、あっという間に通り過ぎて、特にニュースになるような被害も生じないために、「今の現象は一体何だったの？」と多くの人が疑問に思いながらもそのまま過ごすことが多いようです。見晴らしのよい場所で観測したのでこの写真のような全体像を捉えることができましたが、街中のビルの谷間から空の一部を見ただけでは全体の構造は想像ができないのも致し方ないことです。

ガストフロント内側の冷気内（アウトフロー内）から〝ガストフロントの裏側〟をみたのが図3・16です。この写真をみると、アーク先端には雲が列状に並び、薄い所と濃い所が存在していることがわかります。これがガストフロント先端の出っ張り（lobe）と裂け目（cleft）の構造です。アーク先端の雲は積雲ですが、その後面には雲の切れ間がみえます。これはヘッド循環の下降流によって雲が消滅

したためです。

一般に、アークの雲底高度、雲頂高度は親雲の積乱雲に比べ低く、今回のアークの雲底高度はビデオや写真画像から、アーク先端部（雲の形成地点）で高度200m、その後面で300mと見積もられました。また、雲頂高度は500m～600mと推定され、前線面（ガストフロント）の傾斜角は約30°でした（図3・17）。図3・18は、観測地点（横須賀）における風速（風車型風速計）の自記記録であり、ガストフロント通過時に2回のガストが観測されていたことがわかります。つまり、風速約10m/sを有する1回目のガストの約10分後に相対的に強い2回目のガスト16m/sが観測されていました。図3・13同様に、2回のガストは間欠的に2回のダウンバーストが発生したことを意味しています。

3.3 地上気象要素の変化

ダウンバーストの空気塊は、相対的に気温が低く、密度が高いため、地上で観測していると、アウ

図 3.17　アークの構造

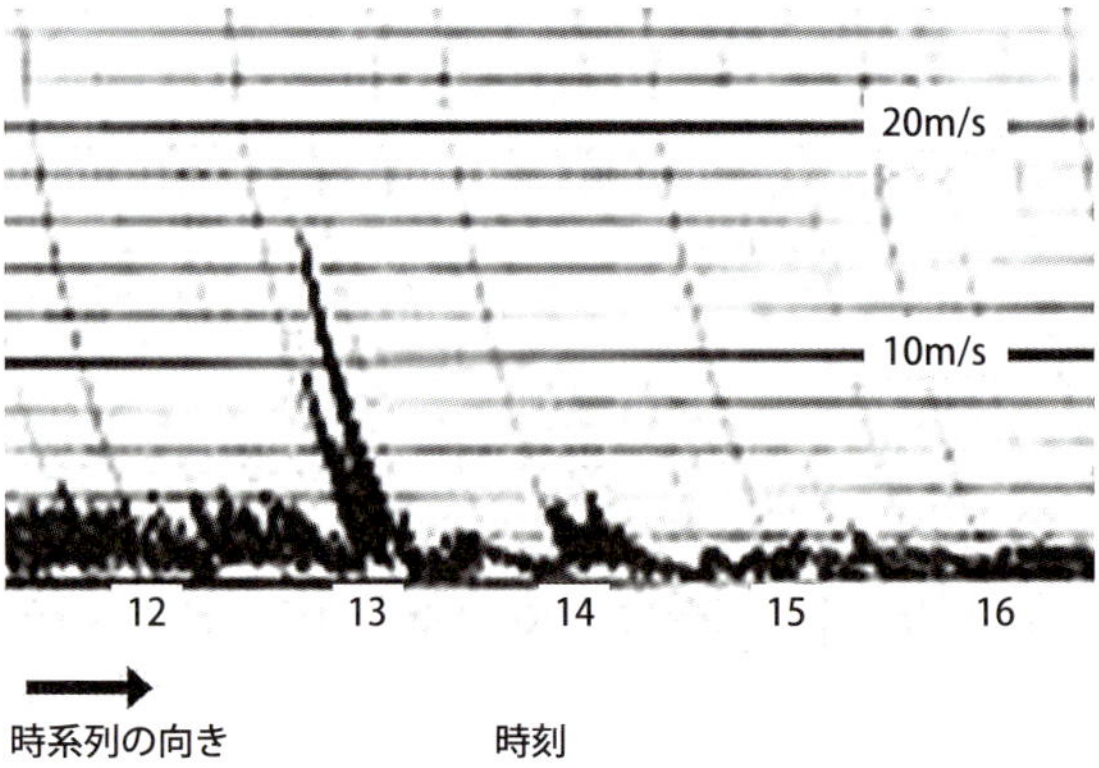

図 3.18　ガストフロント通過時の風速自記記録

トフロー（ガストフロント）通過時に各気象要素に顕著な変化が生じます。まず、気圧は密度の高いアウトフロー内部の空気塊を反映して上昇します。気圧計で観測すると気圧の急上昇がみられ、これを気圧のジャンプ*といいます。さらに、ガストフロントでは、突風を伴うため、感度のよい気圧計には風圧の効果も現れます。この変化を、気圧の鼻といいます（図3・19）。言い換えると、気圧の鼻は動圧*を観測、気圧のジャンプは静圧*を観測しているといえます。このような気圧の変化は、平面的にみると、冷気塊は高圧帯であるため、メソハイあるいは気圧のドーム*とよばれます。ガストフロントの前面には相対的に低圧部が形成されるため、メソハイに対して、メソロウとよばれます（図3・20）。1地点の観測でこの気圧変化を観測すると、気圧のジャンプの前に気圧の極小*が記録されます。時系列でみると、①気圧の極小（pressure dip）、②気圧の鼻（pressure nose）、③気圧のジャンプ（pressure jump）という順番で観測されます。また、気圧のジャンプとほぼ同時に気温の低下（temperature drop）が始まり、（相対的に乾いた）下降流に対応して湿度の極小（humidity dip）が観測されることもあります。

実際の地上観測例をみてみましょう。図3・21は、ダウンバースト発生近傍にお

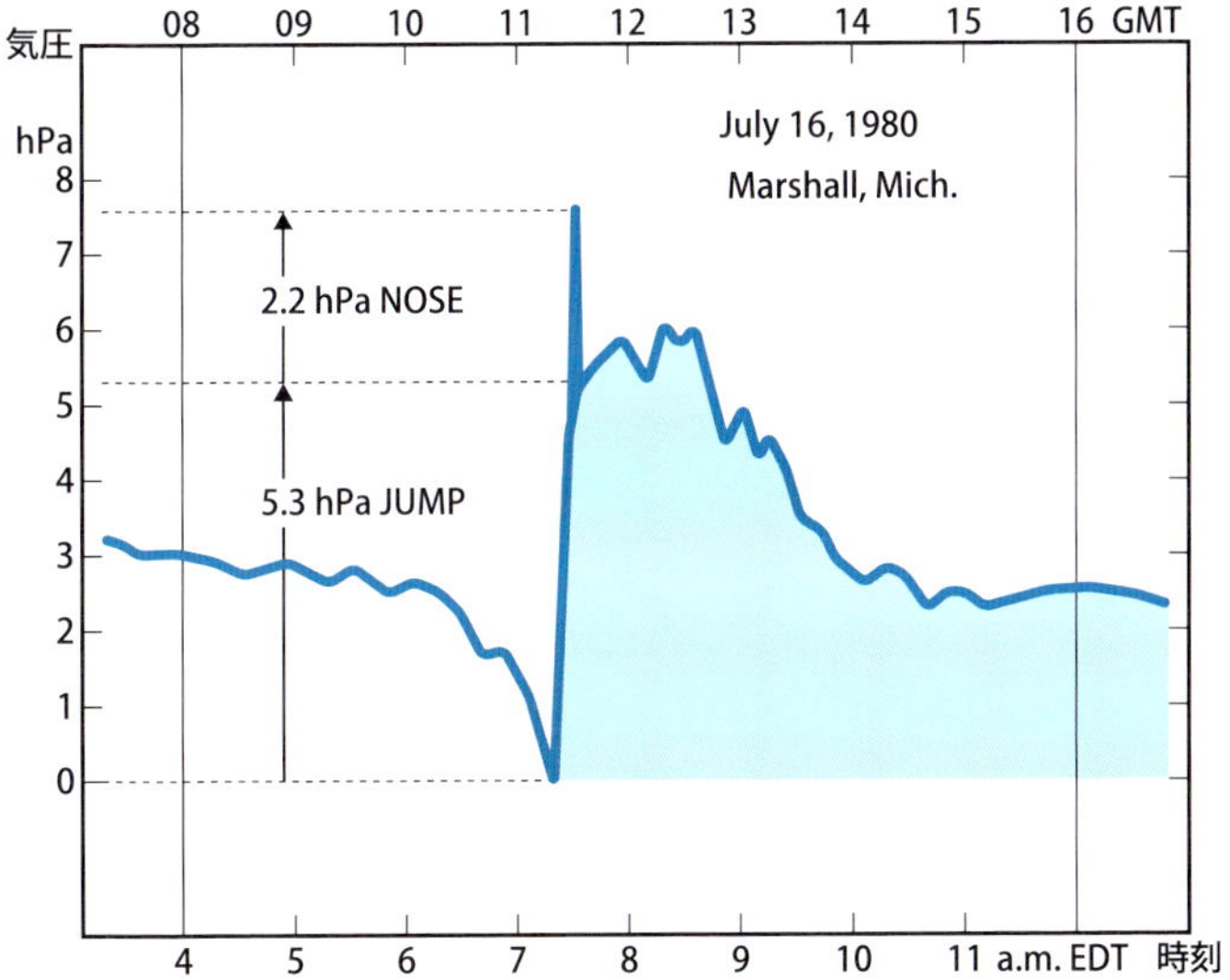

図 3.19　ダウンバースト時の気圧の時間変化．気圧の鼻（pressure nose）と気圧のジャンプ（pressure jump）．

*気圧のジャンプ（pressure jump）
密度の高い空気塊通過による気圧の上昇。

*動圧
空気塊の運動（風）による気圧の変化。風圧。

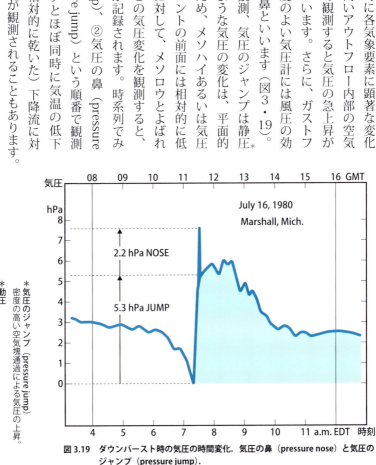

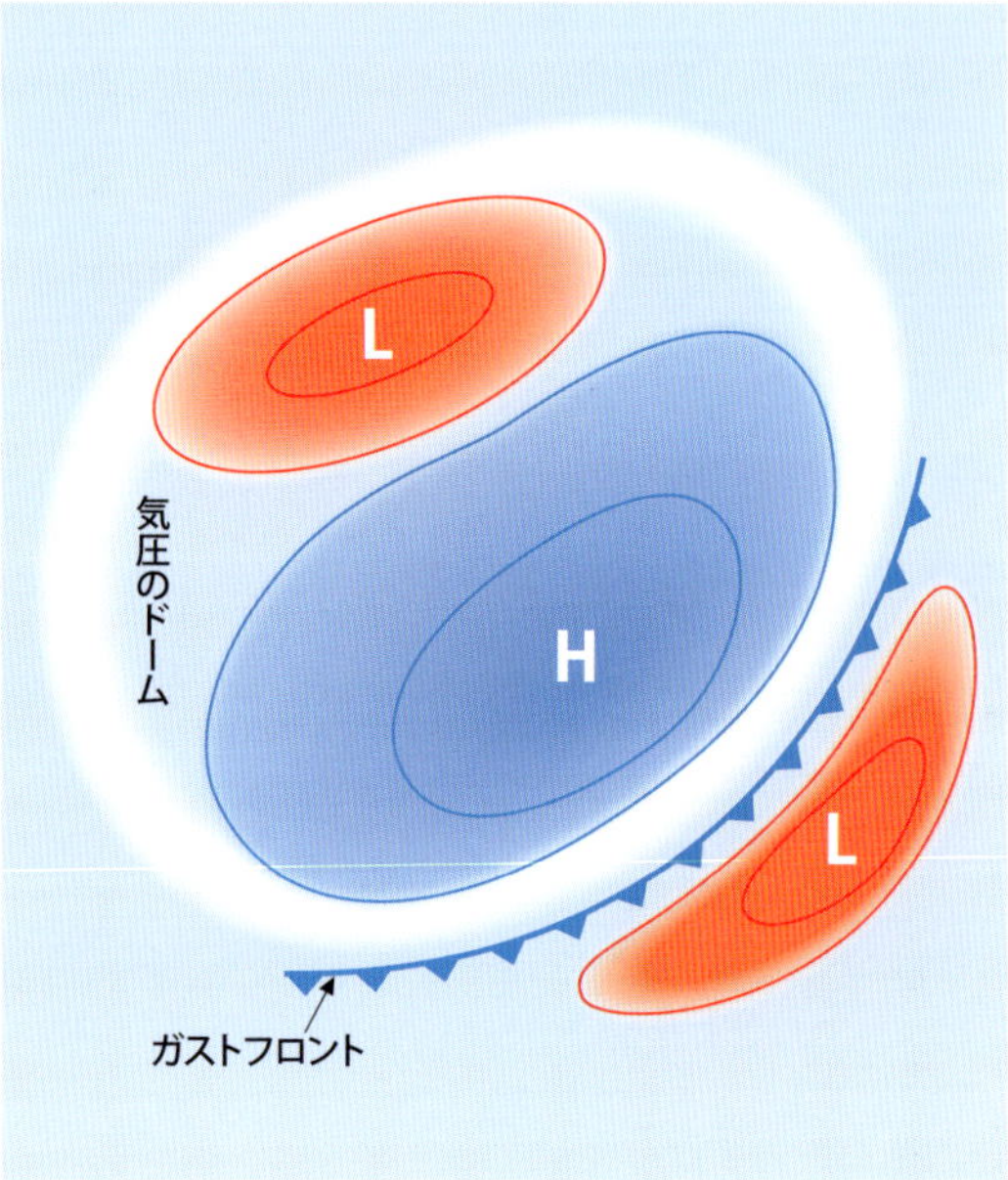

図 3.20　ダウンバーストに伴う地上気圧メソハイとメソロウの概念図

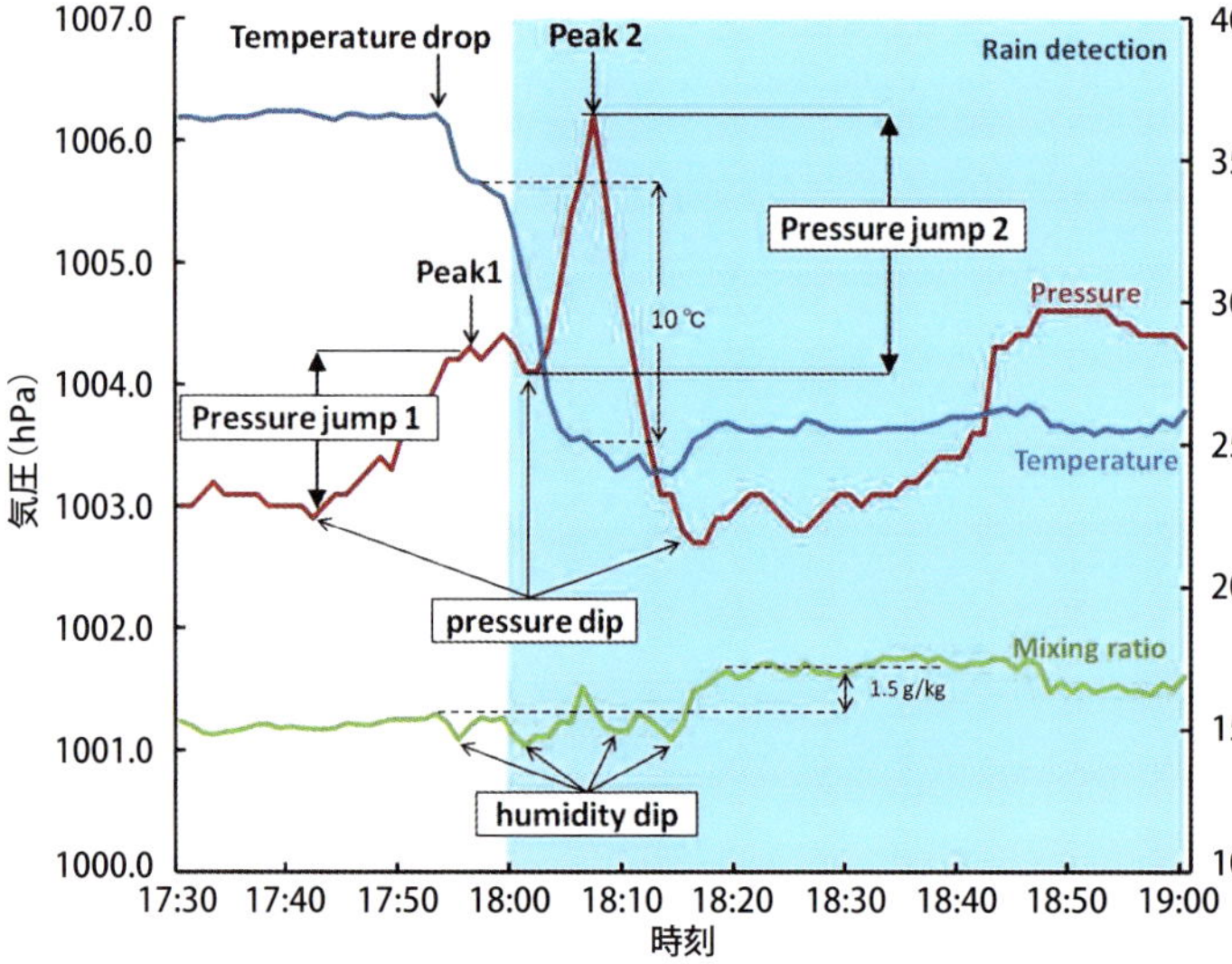

図 3.21　2013 年 8 月 11 日に群馬県で発生したダウンバーストの突風発生時の各気象要素の時系列. 17 時 42 分～ 17 時 59 分に 1.3 hPa、17 時 53 分～ 18 時 07 分に 1.9 hPa の気圧のジャンプが観測された.

ける地上の気象要素（気温・気圧・混合比・感雨）の時系列変化です。これらの気象要素の中で特に気圧に顕著な変化がみられ、1・3hPa*と1・9hPaの2回の気圧のジャンプが観測されました。この気圧の時間変化には、最も顕著な気圧のジャンプに先行する形で、もう1回の気圧のジャンプが観測された点が特徴的であり、間欠的に複数発生したダウンバーストによる2回のアウトフローが到達した結果と考えられます。最初の気圧のジャンプは、周囲の暖気との境界ですから、ガストフロントといってよいでしょう。それぞれの気圧のジャンプの前後には、局所的な低圧部による気圧の極小（pressure dip）が観測されました。他の気象要素をみると、最初の気圧のジャンプと感雨（雨の降り始め）と気温の急降下（temperature drop）が時間的に一致していました。この事例では、混合比*の変動もみられましたが、その変化は相対的に小さいものでした。

3.4 突風構造

ガストフロント通過時には突風（ガスト）を伴いますが、多くの場合20～30m／s程度であり、被害もF0（17～32m／s）クラスであるため、その報告例は実態に比べて少ない数になります。しかしながら、比較的弱い突風であっても、テント、足場、高層ビルの清掃用ゴンドラ、大型遊具（エアー遊具）などは要注意です。ガストフロントによる仮設物の被害は多発していますが、たまたま軽微な被害で済んでいるだけなので、アウトドアイベントやキャンプ時などは、十分注意が必要で

＊静圧
その空気塊の持つ重さ（圧力）。

＊気圧のドーム（pressure dome）
高密度の空気塊がドーム状に存在するため、こうよばれる。

＊気圧の極小（pressure dip）
局所的な気圧の低下。

＊hPa（ヘクトパスカル）
気圧の単位。mb（ミリバール）と同じ。1hPa＝100Pa（パスカル）。標準大気は、1㎠当たり、1・033kgの重さを有し、1013.25hPaに相当。

＊混合比
空気塊の持つ水蒸気量。1kgの空気塊中の水の量（g/kg）で表わされる。相対湿度に対して絶対湿度とよばれる。

す。実際、２００８年７月27日福井県敦賀市のイベント会場*でテントが飛ばされ、１人が死亡しています。

　ガストフロント通過時に地上で観測された気象要素の変化をみましょう。２００４年７月11日の事

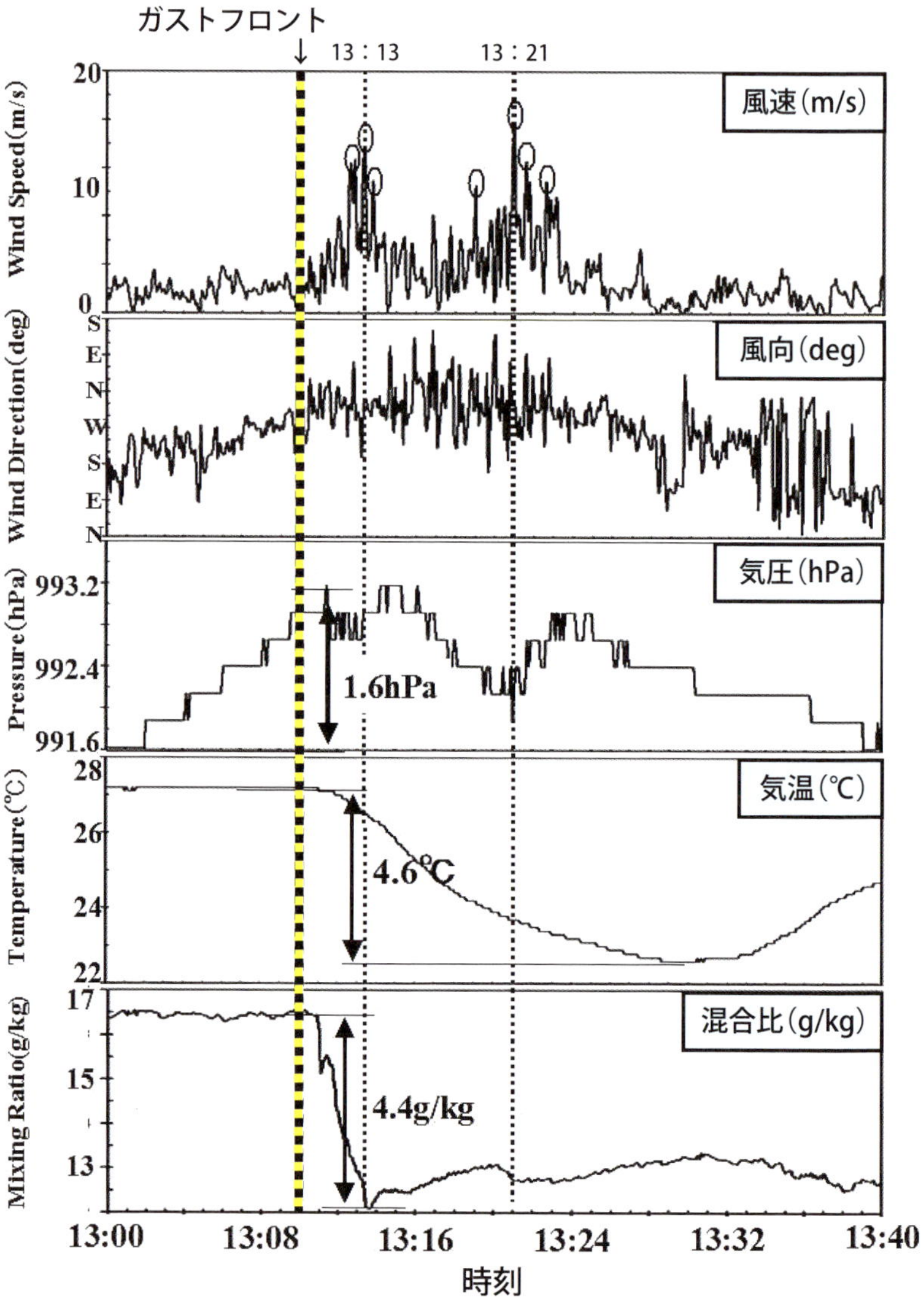

図 3.22　ガストフロント通過前後の気象要素の時間変化．図中の太い点線がアークの先端通過時（13 時 10 分）．

例で、5秒間隔で観測された地上気象観測システム（ウェザーステーション）のデータを図3・22に示しました。アークの先端通過時（13時10分、図中太い点線）をガストフロントの通過とすると、ガストは3分後の13時13分と11分後の13時21分の2回発生しており、それぞれ10m／sを超えるガストが連続して発生していたことがわかります（図中○印）。図3・18でみた2回のガストも、時間分解能のよい風速計で観測すると、それぞれ1回のガストは〝ガスト群〟といってよい複数のガストで構成されていることがわかります。ピーク値は、1回目のガストが14m／s、2回目は15m／sを記録しました。これらのガスト発生時には、小枝が折れたり、埃や紙が舞う、ビデオの三脚が転倒するなどの現象が観測されましたが、構造物等に顕著な被害は発生しませんでした。F（フジタ）スケールではF0（17～32m／s）に対応しています。

各気象要素の変化をみると、気圧はガストフロント通過前後で1・6hPa上昇した後、それぞれのガストに対応して0・4hPa程度の変動（ガスト前に低下、ガスト後に上昇）がみられました。相対的に密度の高い冷気が進入した結果、ガストフロント通過時に気圧のジャンプが記録されました。ガスト時にみられた気圧変動は、ガストフロント内のヘッドの鉛直循環による、より微細な構造を反映した結果と考えられています。つまり、ヘッドの上昇流と気圧降下が、下降流と気圧上昇が対応しています。一方、気温はガストフロント通過後から一気に低下し、最終的に4・6℃下がりました。水蒸気量を表す混合比はガストフロント通過後、4・4g／kg急激

＊福井県敦賀市のイベント会場
ガストフロントの通過で、イベント会場のテントが飛ばされ1人が死亡した。このテントは、300kgのおもり計4個で固定されていたが、空中に飛ばされた。テントは風を受けやすい構造であり、ビニールの風除け等を垂らしていると、さらに風を受けやすくなる。たとえおもりをつけていても、20m／s弱の風速で簡単に飛ばされてしまう。

に減少しただけでなく、ガスト時にも0・5g/kg程度の低下（humidity dip）が観測されました。

これらの気象要素の変化は次のように考えられます。まず、ガストフロント通過前後に、周囲の暖湿気と相対的に寒冷で乾燥したガストフロント後面のアウトフロー内の気塊の違いが、それぞれ1・6hPa（気圧）、4・6℃（気温）、4・4g/kg（混合比）の変化として現れました。さらに、アウトフローの冷気内の鉛直循環に起因した変動が、気圧（0・4hPa）と混合比（0・5g/kg）に、それぞれの循環の下降気流時に対応して観測されたわけです。ただし、厚さ500m程度の冷気内の鉛直循環であるため、気圧、混合比ともその変動量は小さく、気温については微小な変化はみられませんでした。

コラム⑥　津波の〝あおり風〟

2011年3月11日の東日本大震災時に、大津波が襲った東北沿岸域で津波到達直前に突風に遭遇したという証言があります。津波が防潮堤を超えて陸地に進入する直前に突風に煽られたことから、「あおり風」とよばれていますが、気象用語ではありません。津波自体は水の塊で、その進行速度Vは、$V=\sqrt{(g \times h)}$（gは重力加速度、hは水深）と表され、地震発生地点の水深が深ければ、Vは秒速10m/sを超えます。さらに、今回のような巨大な津波の先端では大きな波が発生します。つまり、津波の先端で水の動きに対応して、大気にも影響があると考えられます。ただし、「あおり風」は科学的には未解明な現象です。

3.5 ガストネード

ガストフロントに伴って、竜巻のような渦が形成されることがあります。ガストフロント上の渦は、スーパーセルの上昇流で形成される竜巻に対して構造が異なり、ガストネード（gustnado）とよばれます。ガストネードは短寿命でスケールも小さく、明瞭な漏斗雲が確認されないことの方が多く、地上付近のつむじ風のように見えます。ガストフロントでは、相対的に軽い暖湿気がガストフロント上を滑昇し、アウトフローの冷気はガストフロントで反転します。こうして形成されたヘッドの循環で生じる渦がガストネードのメカニズムです。ガストフロント上では、新しい積雲・積乱雲が発生するので、竜巻と同様の様相を呈することもありますが、短寿命の渦であることには変わりません。

では、ガストネードはつむじ風でしょうか。一般に、ガストフロント上の上昇流（地上付近の上昇流）が原因で上空に雲を伴わずに発生した渦は、「つむじ風」です。つむじ風といっても、結構大きなつむじ風になります。では、雲（アーク）を伴う場合はどうでしょうか。地上からアーク（積雲）まで上昇流はつながっていて、渦も雲から地上まで達しています。この形態は、海上竜巻（ウォータースパウト）のメカニズムとよく似ています。海上竜巻もガストネードも渦の回転速度は20m／s程度とそれほど大きくなく、気圧降下量も小さく漏斗雲が形成されないこともしばしばです。

厚木市で発生したガストネード

具体的なガストネードの事例をみましょう。２０１５年２月13日に神奈川県厚木市でガストネードによる被害が発生しました。当日の気象状況は、日本海で発達した寒冷低気圧（寒冷渦）が通過し、季節風が卓越していました。関東南岸では北風（寒気の南下）と南西風との間で風のシアーが形成され、このシアーライン上で積乱雲が発生しました。この積乱雲は寒気内の現象であったため、夏季の積乱雲に比べて雲頂高度も低く、雪雲といってよく、厚木の突風はこのライン状積乱雲の南下に伴って発生しました。この積乱雲が南下する様子を捉えたのが図３・23であり、東西数10kmに達する積乱雲が14時50分の段階で確認できます。この積乱雲の前面には既に一部アークが確認でき、ガストフロントが形成されていたことがわかります。寒気の進入に伴い雲頂は低く、強い風により乱れていたことがわかります。また、雲底下にはいくつもの雨足（雪足）が観測され、強い下降流の存

雪（雪片）や氷（氷晶、霰）でできた雲が雪雲だよ。上空の強い寒気におおわれて雲は発達できないから雲低高度は低いよ。
ずしっ

図3.23　2015年2月13日14時50分（上）と15時40分（下）の横須賀から北（西〜北〜東）を望んだパノラマ写真

在を裏付けていました。観測地点ではまだ西風成分（相対的な暖気10℃程度）であり、その後雲の通過と同時に北風にシフトし、寒気からより強い寒気に入れ替わりました。積乱雲の前面の雲（積雲）の通過時には、雲底が低く黒い乱れた雲（アーク）に覆われ、この異様な空模様を神奈川県内の多くの住人が目撃していました。

厚木市内では、物置が飛ばされたり、倉庫の屋根が破損、ガソリンスタンドの看板が転倒、住家の窓ガラスが破損するなどの被害が局所的に発生しました。現場付近の住民からは、「竜巻が発生して電柱から火花が上がった」、「高さ20ｍほどの黒っぽい風の渦のようなものが紙やビニール等を巻き上げながら自分の方に向かってきた」などの通報がありました。また、神奈川県南部の多くの住民が北の方から雲が広がってきて突然風が強くなった様子を目撃していました。厚木と同様の現象は、藤沢市内でも発生し被害が報告されています。アーク通過時には、雲底下の渦（乱れ）や漏斗雲への成りかけのような雲はいくつも観測することができました（図3・24）。つまり、当日はガストフロント通

図 3.24　アーク（積雲）先端の雲底部分

過時に、ガストフロント上で渦ができたり消えたりを繰り返していたことがわかります。

　厚木で被害が生じたと考えられる時刻（15時06分）のドップラーレーダー画像をみると、積乱雲のエコー本体はまだ厚木に達していないものの、ドップラー速度*には明瞭なシアー（渦）パターンが複数確認でき、厚木付近にも存在していました（図3・25）。エコーのない領域でドップラー速度パターンが得られたのは、アークなどの積雲と降水粒子の存在により速度データが得られたためです。今回の渦は、関東スケールでみればシアーライン上の現象と理解できますが、このようなシアーライン（局地前線*）は冬季に南関東ではよく観測される現象であり、この水平シアーだけでは今回の渦は説明できません。すなわち、シアーライン上の上昇流が必要なのです。積乱雲とその前面に形成されたガストフロントの存在が重要であり、ガストフロントにおける上昇流が渦（2次的な竜

＊5・1節参照。

＊局地前線
異なった空気塊がぶつかることで形成されるメソスケールの前線。不連続線ともよばれる。関東では初冬にみられる、房総不連続線が有名。

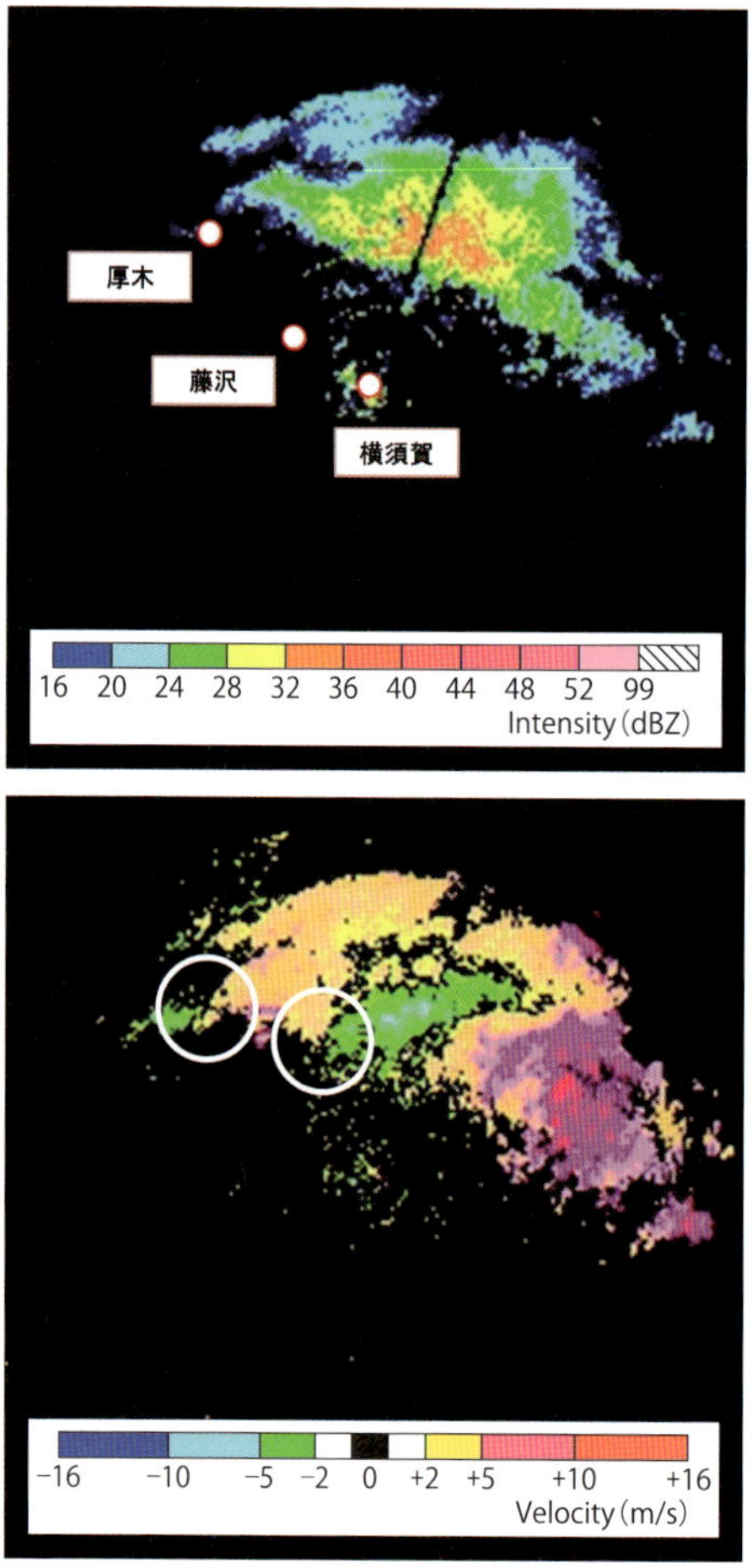

図 3.25　15時06分のドップラーレーダー画像.（上）反射強度.（下）ドップラー速度.

巻）を形成したと考えるべきです。当日、同様の渦が藤沢など複数の地点で観測されたのも、単に偶然ではなく、ガストフロントで複数の渦が起こるべくして発生したのです。被害域は極めて局所的でしたが、渦の寿命が短い点と、移動速度（ガストフロント）が遅かった点が原因と考えらます。厚木など各地で観測された渦は、ガストフロント上で形成された2次的な渦、すなわちガストネード（gustnado）と結論づけられました。

ガストネードは竜巻か？

ガストネードは、ガストフロント上で形成された〝2次的な竜巻〟と述べましたが、厳密には竜巻なのでしょうか。ガストフロントの上昇流と渦（ヘッドの循環）により鉛直渦が生じるため、渦の原因は地上付近にあり、スーパーセルのように雲内に渦があるわけではありません。しかも、上空に雲がなければ、「つむじ風」になります（図3・26の上図）。ただし、3・2節で示したように、ガストフロント上にはしばしばアーク（積雲）が形成され、この場合はガストフロント上で形成された鉛直渦がアーク（積雲）と一体になります（中図）。つまり、形態だけをみれば上空に親雲（積雲）が存在しているため、「竜巻」といっても間違いとはいえません。さらに、非スーパーセルである、「海上竜巻」を考えてみましょう（下図）。海上竜巻は、周囲の積乱雲からのアウトフローの境界（ガストフロント）で形成された渦（鉛直渦）が、たまたま上空に存在した積雲・積乱雲の上昇流によって〝引

き伸ばされた〟結果、竜巻になります。では、アークが存在する場合と海上竜巻とのメカニズムの違いは何でしょうか。アークの場合、上昇流はガストフロントが作るのに対して、海上竜巻の場合、上昇流は積雲が作ります。つまり、力学的には上昇流の成因が異なるため、ガストネードとウォータースパウトは区別されます。しかしながら、実際には、目視やレーダーで竜巻を観測して判断しますから、上空に雲（アーク）を伴うガストフロントは、〝親雲が存在している〟、〝気象レーダーで親雲のエコーや渦（マイソサイクロン）が観測される〟という現象の条件をクリアーします。また、上昇流の起源を積雲なのか地上のガストフロントなのかを厳密に把握することは困難です。その意味では、アークを伴うガストネードは竜巻に含めても良いかもしれません。このように、ガストネードひとつをみても、その形態、構造、メカニズムは多様性があり、複雑であることがわかります。

現在、気象庁の突風データベースでは、被害をもたらしたガストフロントに伴う渦事例の多くは、「つむじ風」あるいは「その他突風」に分類されています。この事例でも、住民の目撃情報により〝竜巻注意情報〟が発表されました。後になって、「あの渦は竜巻ではなかった」といわれても、一般の人には理解ができません。住宅密集地では、実際にガストネードによる被害も生じていて、「2次的な竜巻」であるガストネードの位置づけは難しいですが、防災上の観点からもそれなりの構造と大きさを有したものは、「広義の竜巻」としても良いかもしれません。

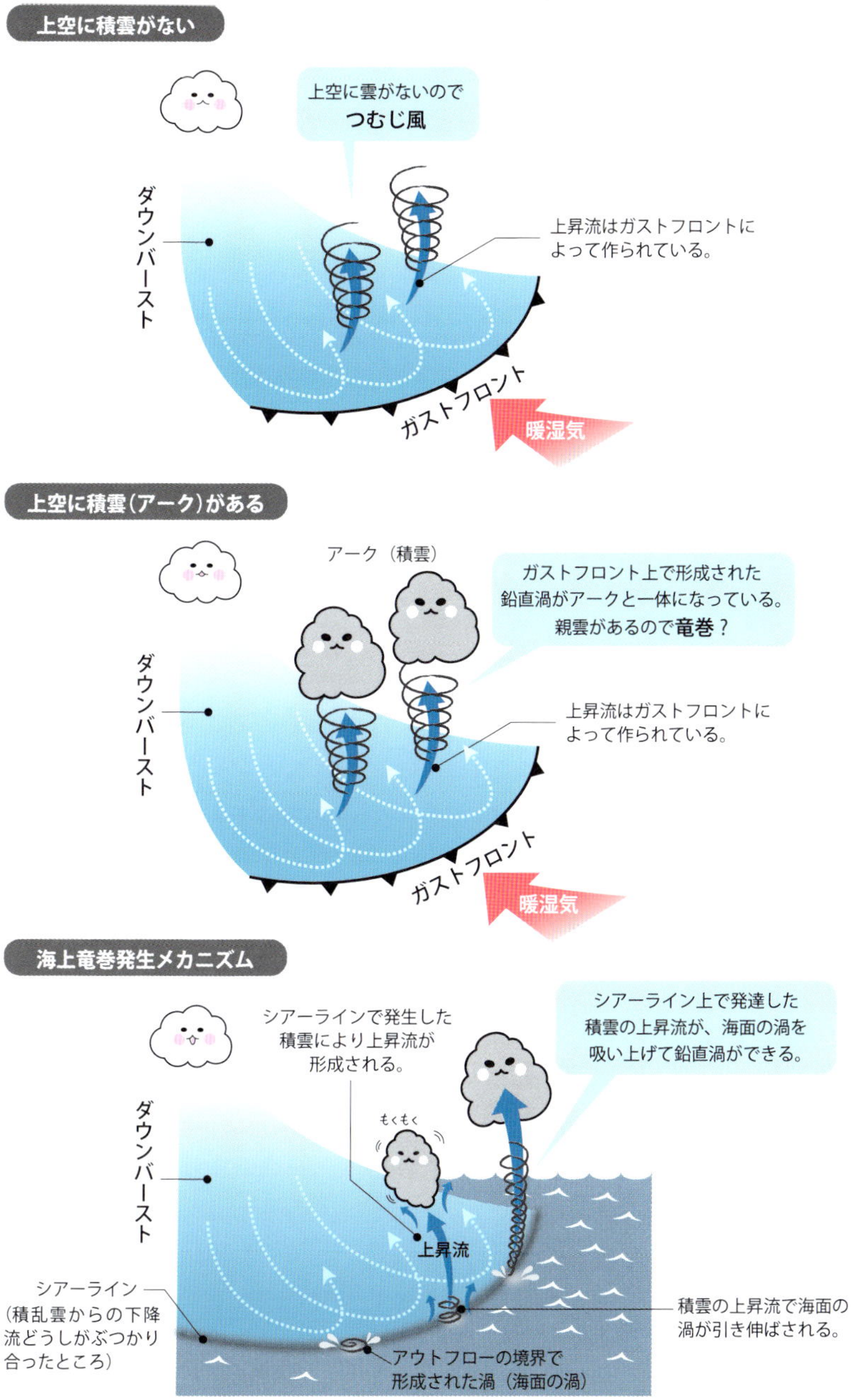

図 3.26　ガストネードの発生パターン.（上）上空に積雲がない場合.（中）上空に積雲（アーク）が存在する場合.（下）海上竜巻（ウォータースパウト）発生メカニズム.

4章　ダウンバーストの実態

4.1 日本のダウンバースト被害

藤田博士がダウンバーストを発見し、1970年代後半にアメリカでさまざまなダウンバースト観測プロジェクトが行われた同じ時期に、日本でも研究者を中心にダウンバーストへの関心が高まり、〝日本でもアメリカで観測されたようなダウンバースト現象が存在するのか?〟という点に、科学的な興味が集中しました。

日本でダウンバーストの詳細な研究がなされたのは1981年に遡ります。1981年6月29日に九州北部で突風災害が発生しました。当日は梅雨前線が九州の北に位置しており、その南にスコールライン*が五島列島付近で南北に形成されました。このスコールラインによる線状降水帯は福岡から鹿児島まで延びており、線状降水帯の東進に先行して突風前線*が解析され、福江空港では13時40分に最大瞬間風速22・6m/s、13時55分に福江測候所で22・3m/s、14時55分に長崎市で22・8m/s、15時40分に柳川市で18・6m/sが記録されました。地上の被害は、九州の広い地域で発生し、例えば佐賀県柳川市では、

ダウンバーストに馴染みがなかったこれまでは、
その存在すら知られていませんでしたが、
1980年代になり、いよいよ日本でも
ダウンバーストの調査が始まりました。
小林

*スコールライン（squall line）
線状に並んだ雷雨域。温帯低気圧に伴う寒冷前線とは異なる。アメリカでは1000㎞を超えるものもある。

体育館のガラスが割れ児童が負傷、屋根やプレハブ小屋の損壊、物置小屋の全壊、パイプハウス（ビニールハウス）や電柱の損傷などが、東西20㎞、南北4㎞の地域で確認できました（図4・1）。気象データの解析結果から、突風はスコールラインに伴う気圧変動の激しい時刻に対応しており、気圧の急上昇が観測された地域で突風被害が生じたことから、この被害はダウンバーストによるものと結論づけられました。

１９８０年代、ダウンバーストは日本ではまだ珍しい大気現象であり、ダウンバーストの被害を実際に見た人もほとんど居ませんでした。私が大学院生時の１９８６年9月23日に北海道の北村から美唄《びばい》市で突風被害が発生し、研究室の教授*と現地調査に向かいました。そこで見たのは、円形に広がった被害の痕跡が田畑に点々と散在した様子で、明らかに竜巻の痕跡とは異なり、数か所にわたって広がっていくような被害パターンが飛散物や植生に認められました。被害マップを作成してみると、発散パターンの被害域が間欠的に直線状に並んでいたことがわかり、マイクロバーストによる被害であると結論づけました（図4・2）。

１９９０年代になると、Ｆ２（50〜69ｍ/ｓ）クラスの被害

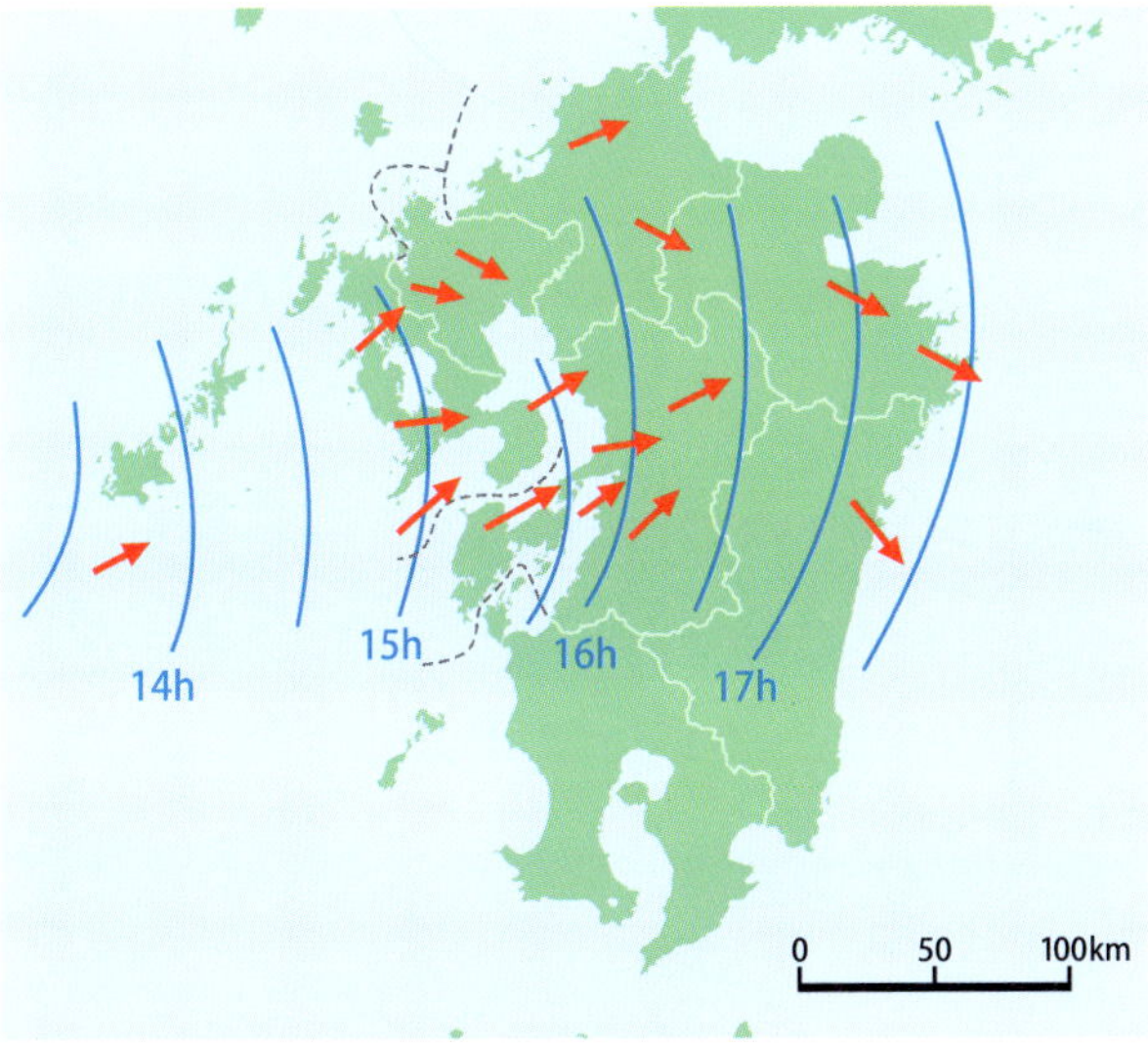

図 4.1　1981 年 6 月 29 日に九州北部で突風災害が発生した際の突風前線の移動と地上被害箇所（小元ほか（1989）をもとに作図）

＊突風前線
ここでは文字通り、突風が観測された地点を時刻毎に結んだものを指す。

＊教授
菊地勝弘教授。気象学者。世界初の人工雪を作成した中谷宇吉郎の孫弟子にあたる。『雨冠の気象学』（成山堂）参照。

をもたらした、顕著なダウンバースト事例が報告されています。１９９１年６月27日に岡山市で発生した岡山ダウンバーストは、わが国で発生したダウンバースト被害の中で最も大きな被害（Ｆ２）が生じたもののひとつです。少なくとも４つのマイクロバースト／マクロバーストが次々と発生し、その内の１つが降雹と伴に激しい下降流を生み、結果としてコンクリート製電柱18本を倒壊させるに至りました。

１９９６年7月15日群馬県下館市で発生した下館ダウンバーストは、死者１名、負傷者19名、建物被害４２５棟の被害をもたらしました。現地調査により被害域は２か所あることが判明し、その内最初のダウンバーストでは長さ４km、幅３kmの範囲に最大Ｆ２の被害が生じました（図４・３）。被害域の形状はほぼ楕円形で面的に広がり、突風被害の方向が放射状に分布していたことがわかります。実際に被害域内の風速計には、最大瞬間風速47・５ｍ／ｓの北風が記録されていました。下館ダウンバーストの被害は、わが国のダウンバースト被害の中でも最もスケールが大きく、顕著な痕跡を残しました。

降雹分布の観測

ダウンバーストは、下降流を直接観測することが難しいため、被害が発生して現地調査を行い初めてその実態が解明されます。２・３節で述べたように、日本で発生するダウンバーストの多くは降雹を伴います。降雹とダウンバーストは密接に関

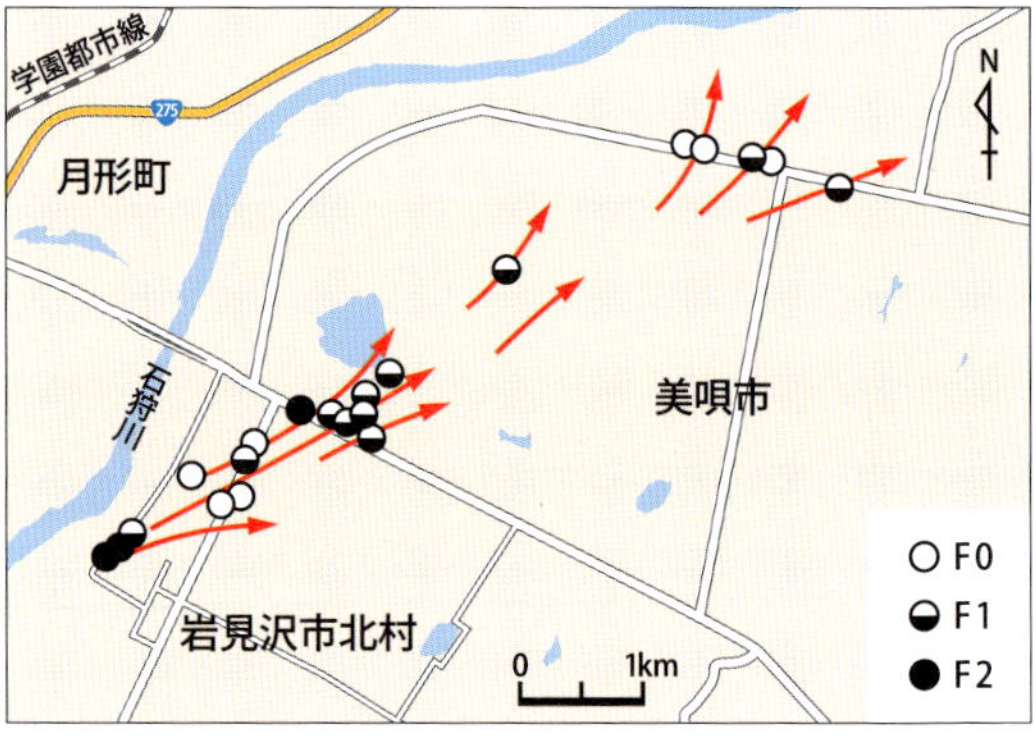

図 4.2　1986 年 9 月 23 日に北海道北村で発生したマイクロバーストの被害分布（Kobayashi et al. 1989）

連しているので、降雹を捉えればダウンバーストも把握することが可能です。では、降雹分布はどのように観測すればよいでしょうか。雹は固体ですから雨量計で測定することはできません。どのくらいの大きさの雹が何処に落下したのかは、地上に居る人が調べるしか方法はないのです。図４・４は北海道の石狩地方で発生した降雹の分布図です。積乱雲の東進に伴い、降雹域が局所的に存在していることがわかります。すなわち、積乱雲の発達に対応して、何回かの降雹が発生していたのです。この積乱雲は、札幌市を通過した後、千歳市付近で竜巻とダウンバーストをもたらしました。当時はインターネットもスマートフォンもありませんでしたから、１００校余りの学校にアンケート調査を行い、降雹の有無、サイズを調べてこのような降雹分布図が描けました。

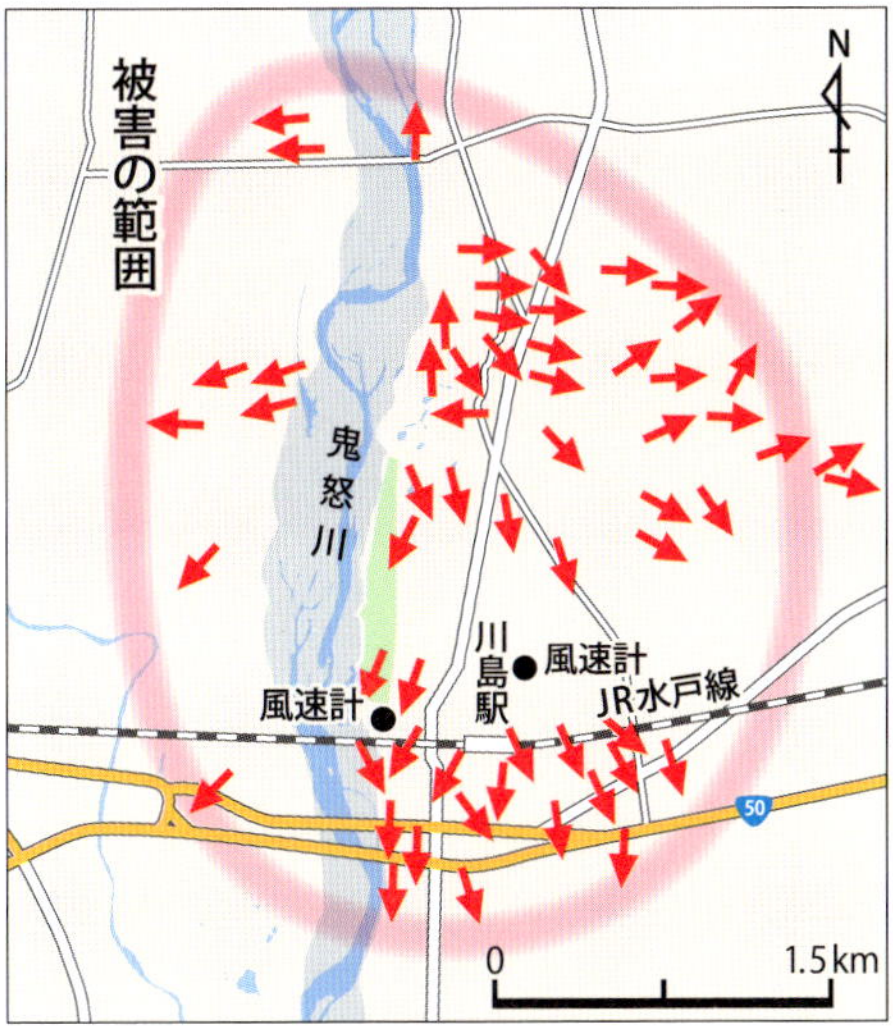

図 4.3　1996 年 7 月 15 日群馬県下館市で発生したダウンバーストの被害分布（中村（1997）をもとに作図）

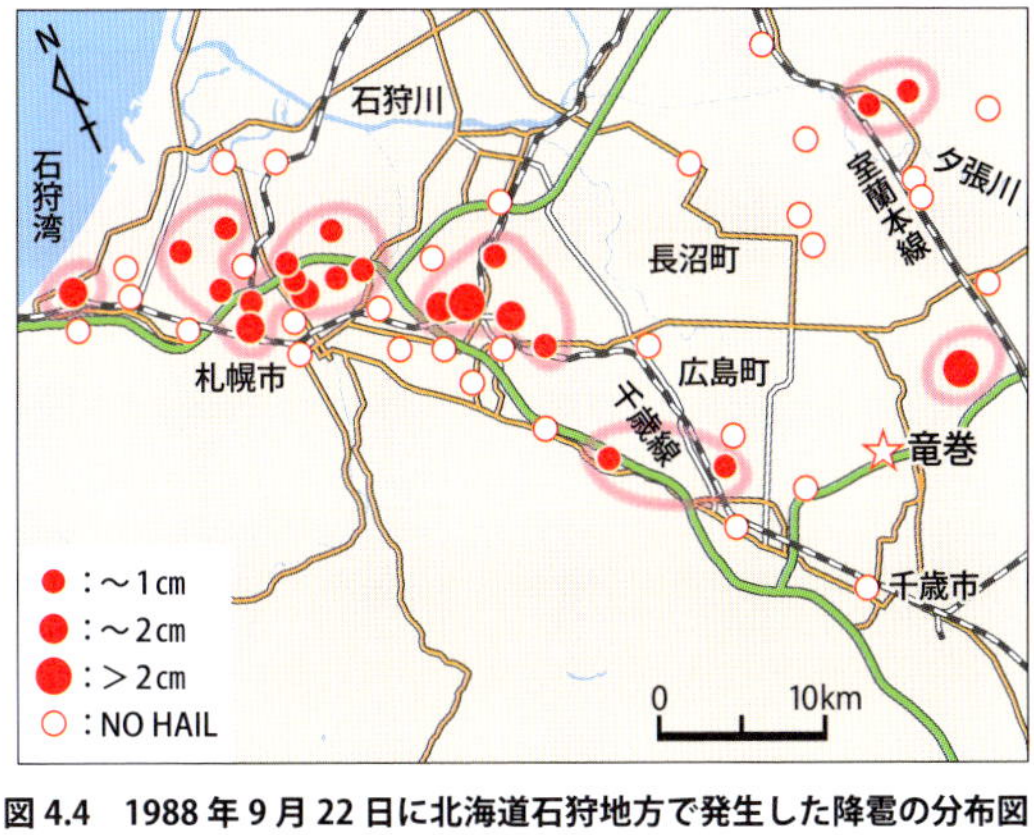

図 4.4　1988 年 9 月 22 日に北海道石狩地方で発生した降雹の分布図（Kobayashi et al. 1996）

雹の断面をみると、年輪のような成長痕が残されており、雲中でどのように成長したかがわかります。近くで降雹があった際には、写真を撮るだけでなく、冷凍庫に保管しましょう。

航空機への脅威

マイクロバーストの地上発散（アウトフロー）に伴う風の急変は、低高度のウィンドシアーすなわち低層ウィンドシアー（LAWS）とよばれ、航空機の離着陸に大きな影響を与えるためアメリカや日本では、ダウンバースト監視のために「空港気象ドップラーレーダー」*が展開されています。1章ではアメリカで1970年代にたて続けに発生した航空機事故を述べましたが、わが国も他人事ではありません。ウィンドシアーが原因で生じた事故事例を振り返ってみましょう。

1984年4月19日に那覇空港において、DC-8型機が着陸時に強雨に遭遇して、滑走路手前の進入路指示灯に接触しました。幸い、乗客乗員131名に死傷者はいませんでしたが、着陸の最終段階の高度200フィート（60m）でマイクロバーストによるウィンドシアーの影響を受けた結果機体が降下したことがわかりました。このような事故には至らなかったものの、飛行場周辺におけるダウンバースト発生の報告は、1983年7月27日に富山空港、1987年7月25日に羽田空港、1988年6月10日に鹿児島空港、1988年9月22日に千歳空港、1990年12月10日に羽田空港などがあり、わが国の飛行場でもしばしばダウンバーストが

＊**空港気象ドップラーレーダー**
1995年に運用を開始した関西空港を始めとして、羽田空港や成田空港など9つの空港で運用されている。全国に展開されている気象庁レーダーも、2005年～2006年に発生した竜巻被害を受けて、約20台がドップラー化されている。

＊**ハードランディング（hard landing）事故**
乗員5名、乗客72名を乗せたDC-9型機は、花巻空港の滑走路に進入時に機体が降下し、地面に接触して火災が発生し機体は大破した。機体の停止後、全員が脱出したが、3名が重傷を、23名が軽傷を負った。

＊**おろし風**
山脈を越えた気流が風下斜面で強い風となり吹き下ろす現象。山頂付近に逆転層が存在する時に発生しやすい。

発生していることがわかりました。

また、1993年4月18日に花巻空港で発生したハードランディング事故*は、強い下降気流を伴った激しい風向・風速の急変（ウィンドシアー）により、機体の揚力が急激に減少した結果、機体が急速に沈降して事故に至りました。この原因は、ウィンドシアーの原因は、積乱雲ではなく、山脈を越えたおろし風*によるものと考えられています。

図 4.5　滑走路近傍に設置されたドップラーソーダ

日本の飛行場は、複雑な地形*に立地している場合が多く、積乱雲に伴うダウンバーストのウィンドシアーも大事ですが、地形性の風によるウィンドシアー対策も課題といえます。

花巻空港の事故をきっかけに、航空会社による調査研究が行われ、実際の飛行場の滑走路上空でどのような風が吹いているのかが調べられました。通常、飛行場には滑走路の両端に風向風速計*が設置されていますが、これは〝地上の風〟であり数１００ｍ上空の風はわかりません。さらに、地形性の風は降水を伴わない〝乾いた風〟ですから、気象レーダーでみることはできません。そこで、晴天時の風を測ることのできる、

＊複雑な地形
飛行場の移転や新設時には人口密集地を避けるために、山間部や海上（海岸）に設置されることが多く、地形性の風の影響を受けやすい。

＊風向風速計
風速計は地上高10ｍに設置されており、このデータが刻々と空港関係者に送られる。

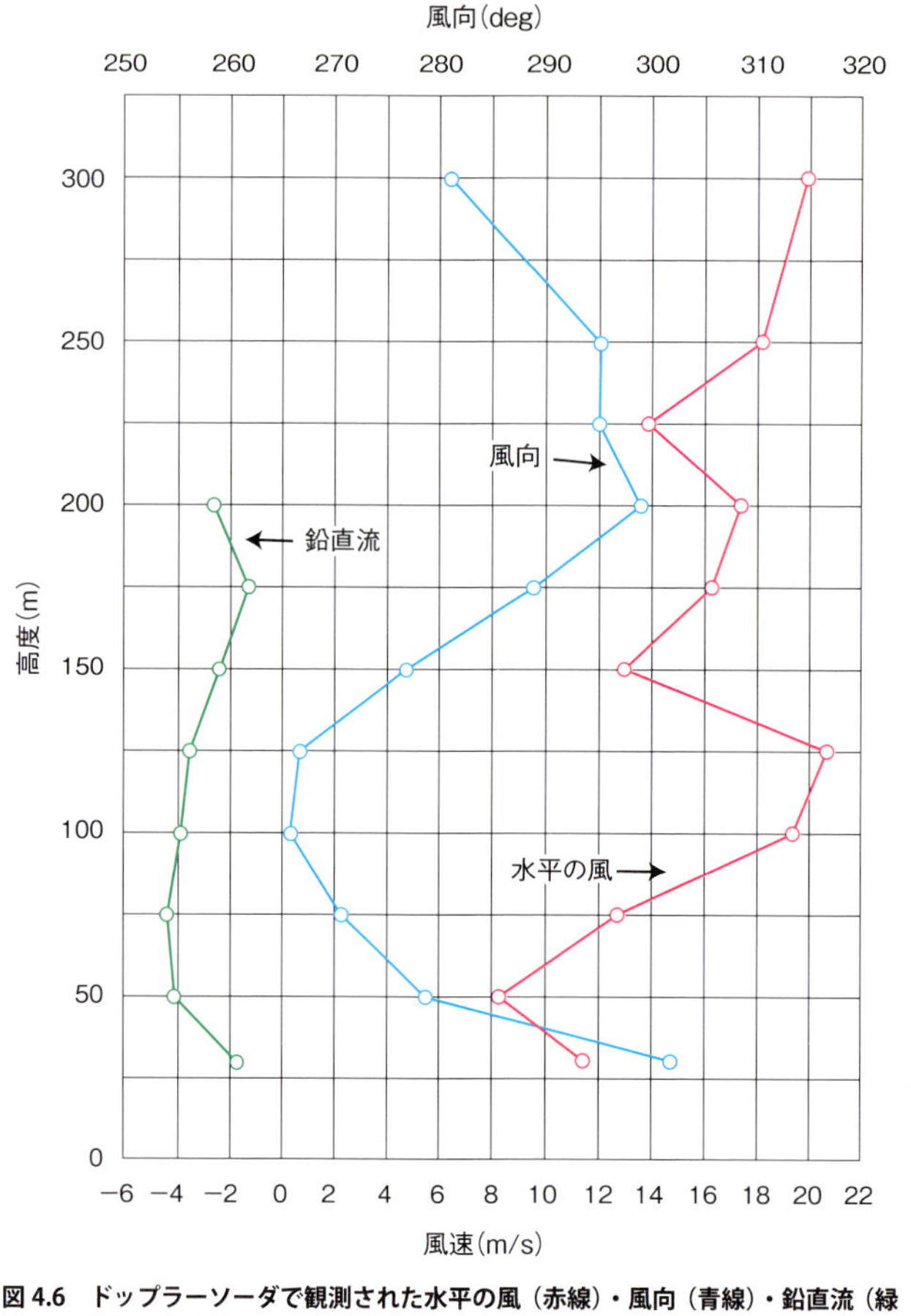

図 4.6　ドップラーソーダで観測された水平の風（赤線）・風向（青線）・鉛直流（緑線）の鉛直分布

ドップラーソーダを用いた観測が実施されました（図4・5）。実際に観測された例が図4・6です。地上付近（高度50m以下）で10m/s程度の風速（水平の風（赤））だったものが、高度100～125mで20m/s程度の強風になり、風向（青）も高度と伴に北西から西風にシフトし、鉛直流（緑）も−4m/sに達する下降流が存在し、大きな風の鉛直シアーが存在することがわかりました。このように、高度100mの風でさえ、地上風とは大きく異なっており、さまざまな手法で滑走路上空の風を測定する必要性が示されました。

コラム⑦　航空機の対策は？

1970年代に発生した航空機事故を契機にダウンバーストが発見されるまでは、パイロットの頭の中にはダウンバーストによるウィンドシアーという認識はありませんでした。もちろんそれまでも、積乱雲の中では激しい気流に巻き込まれ、雷に撃たれるため、航空機が積乱雲に入ることはタブーでした。しかし、積乱雲の雲底下で航空機の離着陸に重大な影響を与える〝風〟が存在することは知られていませんでした。現在では、乗務員への教育やフライトシミュレーターによるダウンバーストの訓練なども行われるようになり、パイロットの頭の中にはダウンバーストの構造がインプットされ、遭遇時の対応方法も十分に経験しているのです。

4.2 ダウンバーストの統計

ドップラーレーダーが全国展開されるまでは、ダウンバーストやガストフロントの発生を把握することは、顕著な被害が発生した事例に限られ難しかったといえます。１９８５年から10年ごとの報告数をみると、ダウンバーストは１９８５年〜で6件、１９９５年〜で22件、２００５年〜で68件と、20年で10倍になっています（図４・７）。ガストフロントも同様で、１９８５年から10年間で報告数は0件でしたが、２００５年〜は17件に達しています。このような報告数の増加は、竜巻の統計*と同じで、自然現象としてダウンバーストの発生頻度が増加したわけではありません。２００５年以降被害調査が強化され、一般市民からの報告数が増え、竜巻とダウンバーストの識別も昔に比べて行われるようになったことなどが理由と考えられます。このように、地上に被害をもたらしたダウンバーストの報告は把握されるようになったものの、ダウンバーストの発生数は未知のままと言わざるを得ません。

竜巻に比べてダウンバーストの風速はどのくらいあるのでしょうか。被害スケール（Fスケール）ごとの発生頻度みると、Ｆ２（50〜69ｍ／ｓ）のダウンバースト*は3件、Ｆ１（33〜49ｍ／ｓ）は38件、Ｆ０（17〜32ｍ／ｓ）は53件報告されています（図４・８）。日本の竜巻はＦ３（70〜92ｍ／ｓ）が最大値となっているので、ダウンバーストは1ランク小さいといえます。ダウンバーストは地上で発散するため、その被害は竜巻に比べて一般に弱くなるからです。また、ガストフロントは、

*竜巻の統計
甚大な被害をもたらした、酒田竜巻（２００５）、延岡竜巻（２００６）、佐呂間竜巻（２００６）以降、竜巻の報告数は急増している。

*Ｆ２のダウンバースト
１９９１年6月27日岡山市、１９９６年7月15日群馬県下館市、２００３年10月13日茨城県神栖町で発生したダウンバーストがＦ２の被害に認定されている。

Ｆ１が４件、Ｆ０は15件で、ダウンバーストよりさらに１ランク小さくなります。ガストフロントはダウンバースト発散の先端ですから、ダウンバーストに比べて風速は弱まります。わが国の竜巻被害は最大でＦ３クラス、ダウンバーストの被害は最大Ｆ２、ガストフロントによる被害はＦ１となっています。

アメリカにおけるダウンバーストの発生状況はどうでしょうか。図４・９は藤田博士がまとめた、１９７９年の１年間にアメリカで発生した、ダウンバースト/ガストフロントとトルネードによる被害件数をＦスケール毎に示

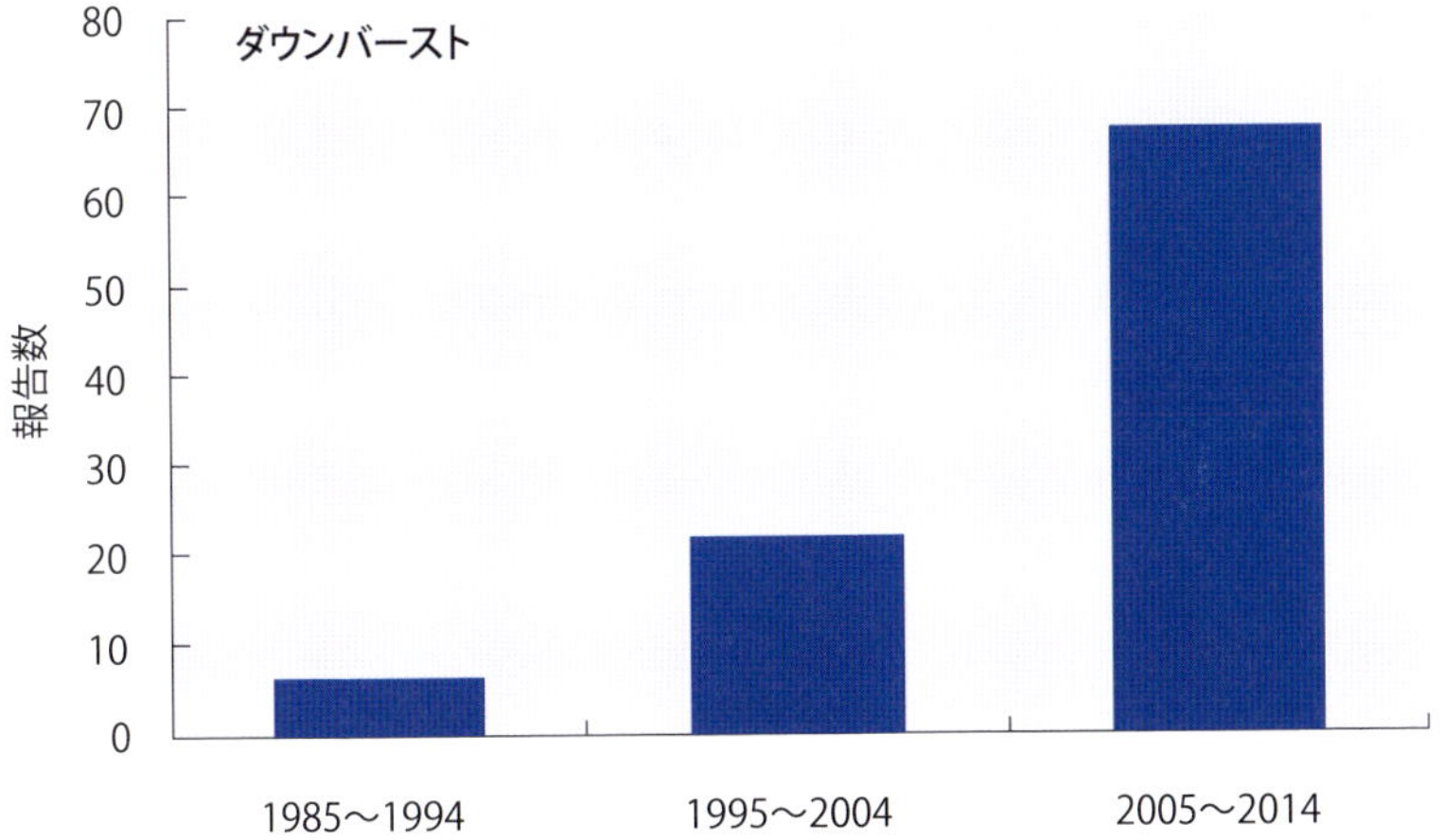

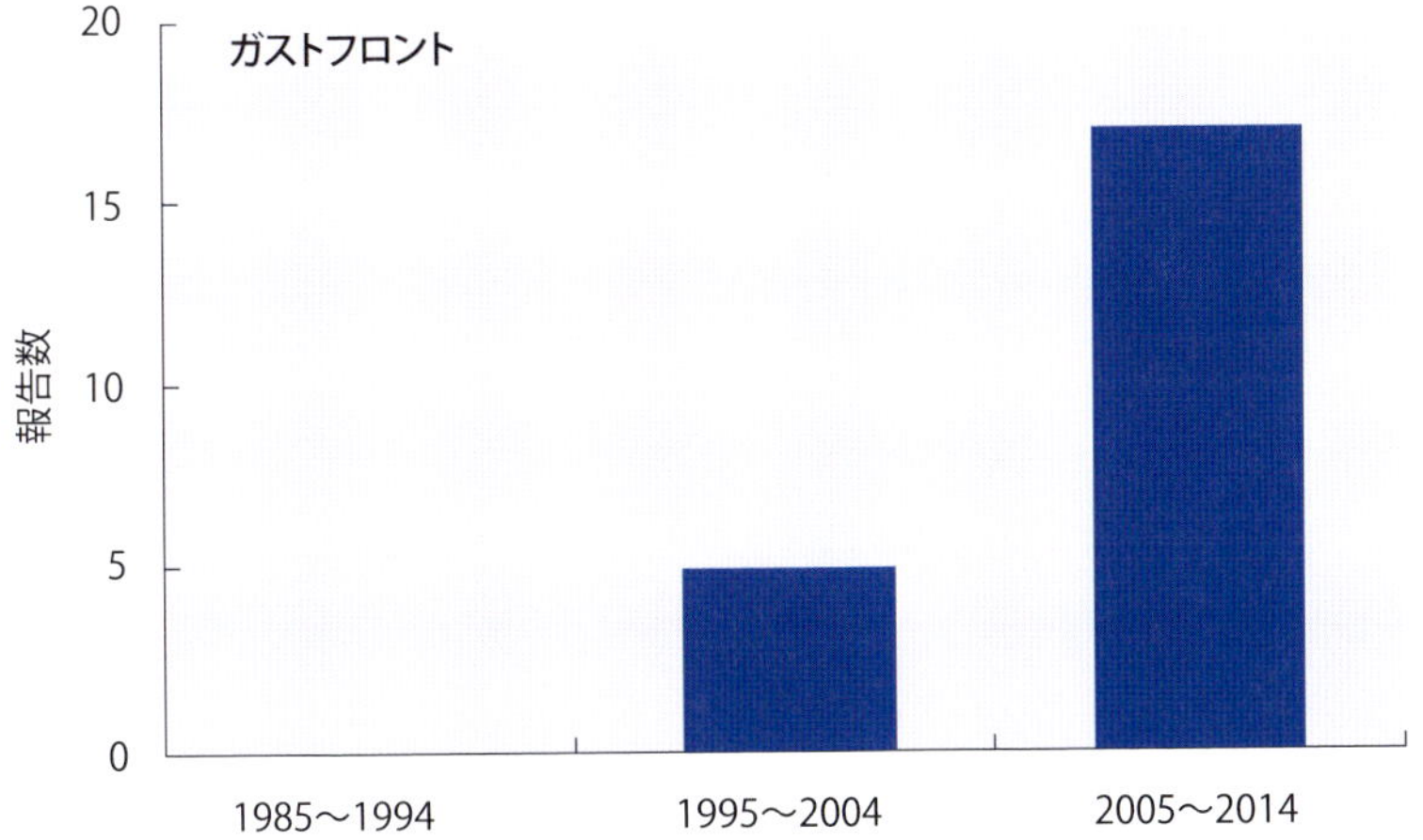

図 4.7　1985 年から 2014 年までの 10 年ごとのダウンバースト（上）とガストフロント（下）の報告数

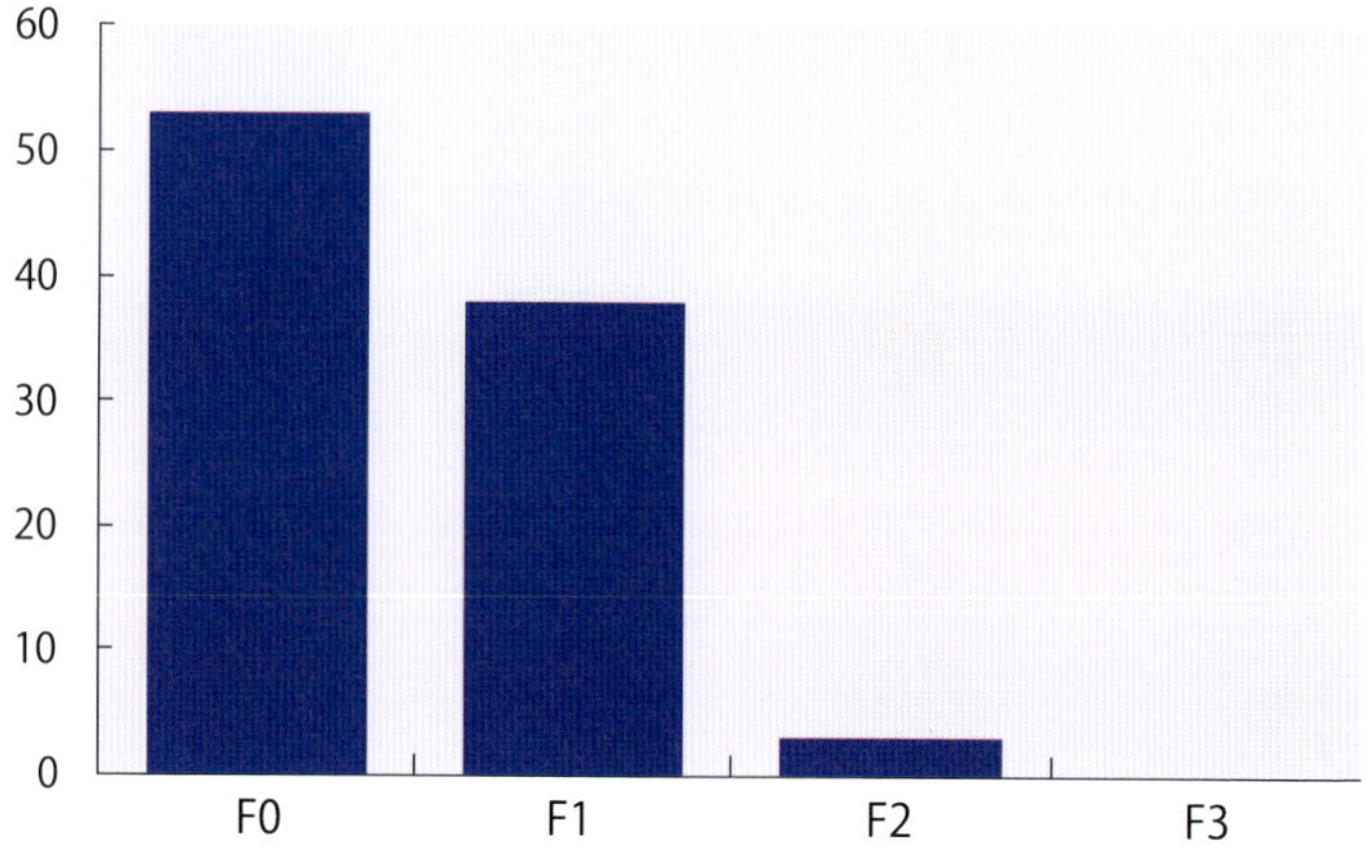

図 4.8　1991 年から 2014 年までに報告されたダウンバースト被害の F スケールごとの頻度

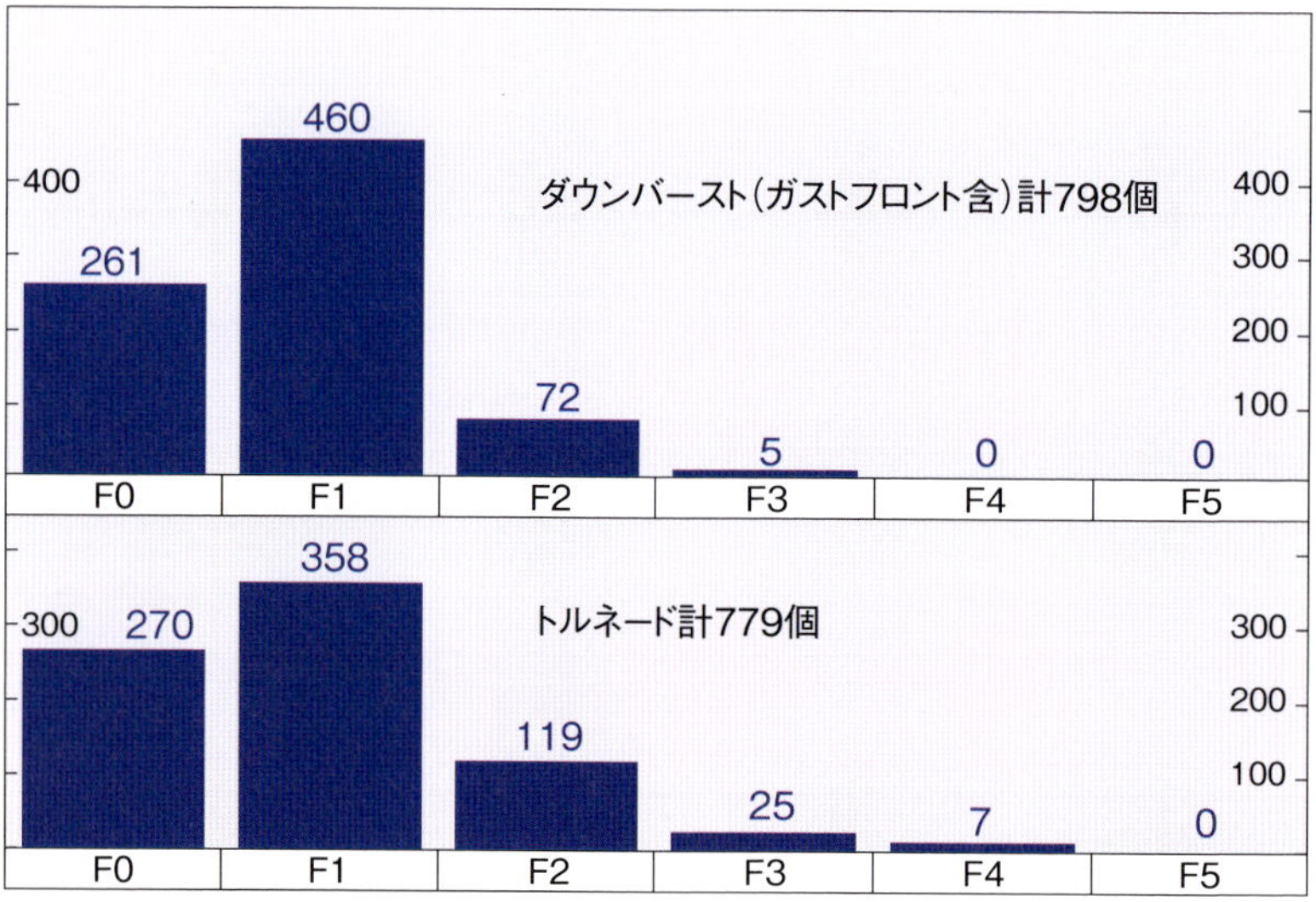

図 4.9　1979 年 1 年間にアメリカで報告されたダウンバースト／ガストフロントとトルネードの F スケールごとの報告数

したものです。ダウンバースト/ガストフロントとトルネードは年間８００個弱と発生数はほぼ同数ですが、トルネードの被害は最大値がＦ４（93～１１６ｍ/ｓ）に対して、ダウンバーストはＦ３でした。一般に、アメリカにおける竜巻被害の最大はＦ５（１１７～１４２ｍ/ｓ）クラスなのに対して、ダウンバーストは最大でＦ３クラスと2ランク弱くなっています。

　日本におけるダウンバーストとガストフロントの被害報告（気象庁）は、４月～10月の暖候期に多く、特に6月～8月に集中し、7月にピークが存在しています（図４・10）。竜巻の発生ピークが9月なのに対して、ダウンバーストは熱雷*など対流活動の活発な夏季に多く発生しています。ただし、関東地方の雹害*が5月に多いように、大気が不安定になる春や秋も要注意です。ダウンバーストの発生時刻をみると、14時～16時にピークがあり、日射の影響で積乱雲が発達した結果を表しています（図４・11）。日本におけるダウンバースト被害の発生場所は日本全国で確認されています。寒候期にダウンバースト（スノーバースト）の被害報告が少ないのは、夏季の積乱雲に比べて冬季の積乱雲（雪雲）は雲頂高度が低く、下降流速が相対的に小さいためです。また、冬季は気温差が小さく風速も夏季に比べて小さい点、断続的な降雪に伴い発生するために現象を観測することが難しい点、地表面が雪に覆われている場合被害の痕跡が残りにくく被害調査が難しい点などが理由と考えられています。

＊熱雷
強い日射が原因で発生する雷雨。

＊関東地方の雹害
強い日射による地表面の加熱と上空の寒気による大気の不安定化で積乱雲が発生しやすい環境下で、雲底下の気温が夏に比べて高くないために落下中の雹が溶けないため、この時期農作物への雹の被害が大きくなる。つくば竜巻は２０１２年５月６日に発生し、親雲からは降雹も観測された。

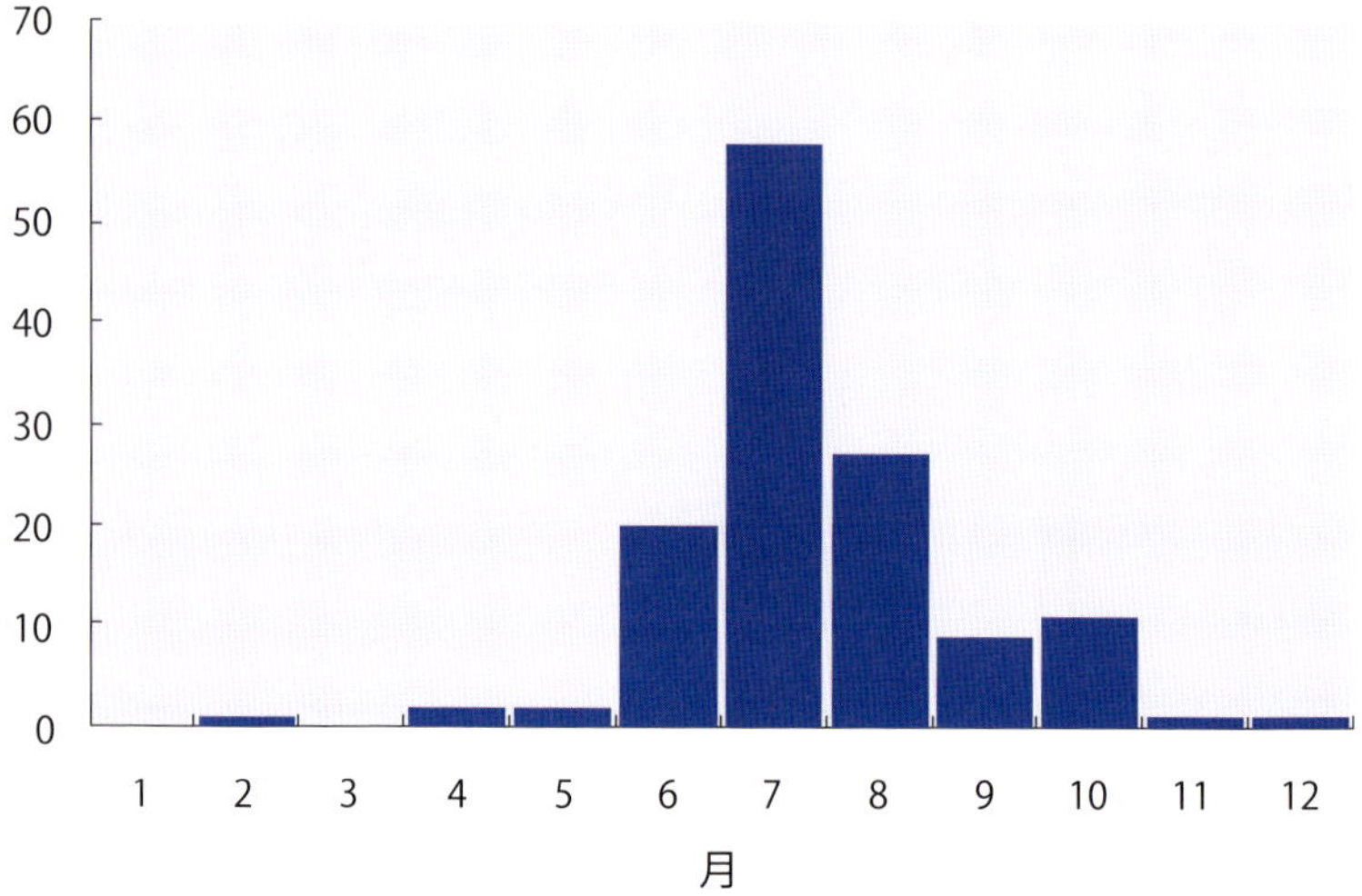

図 4.10　1991 年から 2015 年までに報告されたダウンバースト（ガストフロントを含む）の月別頻度

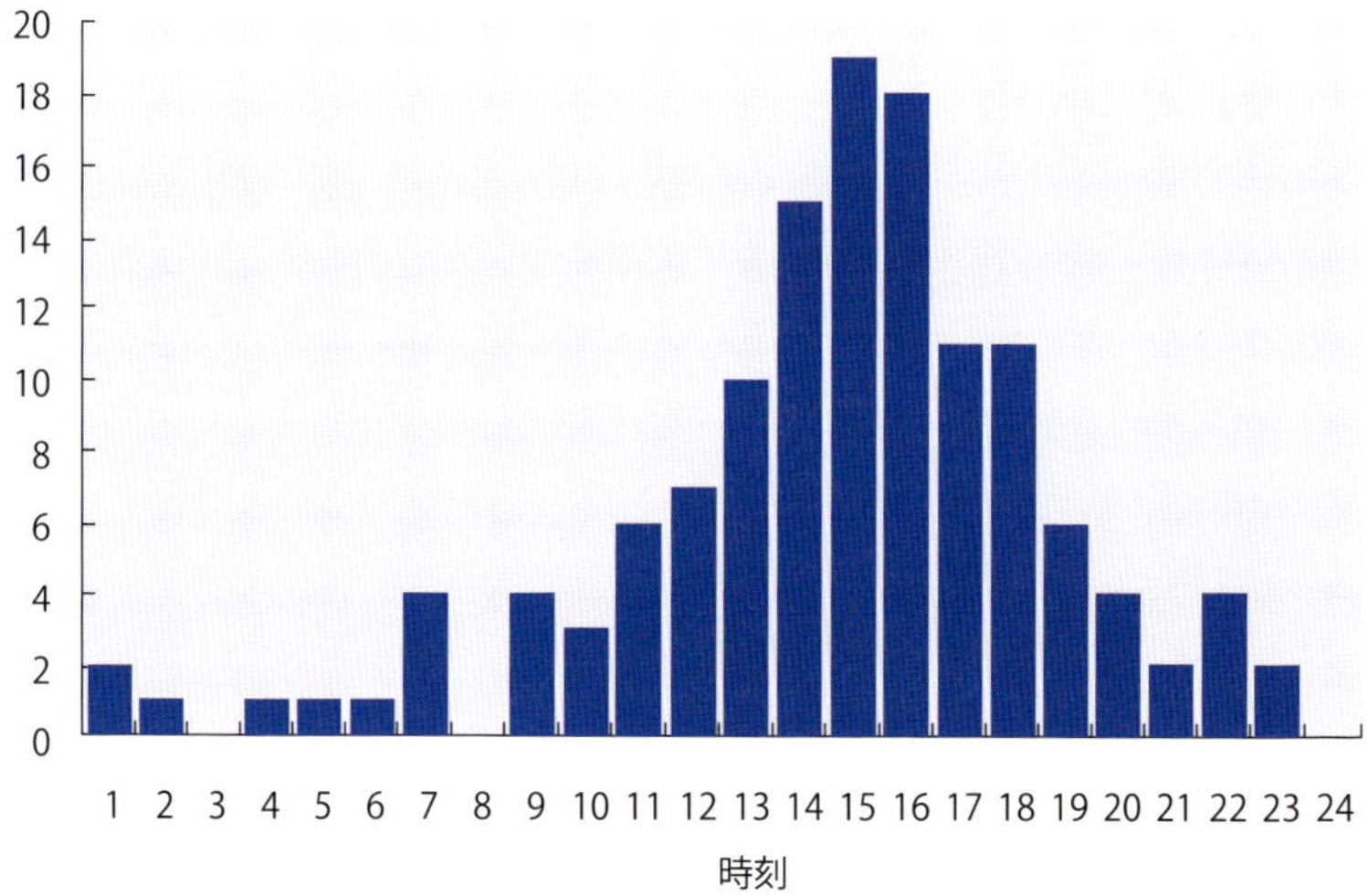

図 4.11　1991 年から 2015 年までに報告されたダウンバースト（ガストフロントを含む）の時刻別頻度

コラム⑧　ダウンバーストの最大風速は？

アメリカにおける竜巻被害の最大はF5（117～142 m/s）クラスなのに対して、ダウンバーストは最大でF3（70～92 m/s）クラスと2ランク弱くなっています。わが国では、竜巻被害の最大値はF3、ダウンバーストの被害は最大F2クラス、ガストフロントによる被害はもう1ランク弱くなり、最大でF1となっています。現在までダウンバーストが地上の風速計で観測された結果として、1983年8月1日にアメリカのアンドリュウ空軍基地で観測された66・9 m/sという記録が残っています。

4.3 ダウンバーストのレーダーエコー

気象レーダーで観測すると、竜巻やダウンバーストをもたらす積乱雲のレーダーエコーには、特徴的なエコーパターンが存在します。「フックエコー*」は、昔から竜巻の指標として有名です。フックエコーはスーパーセルに固有なエコーです。スーパーセルは、強い上昇流と強い下降流が背中合わせで存在するのが特徴であり、数10m/sに達する上昇流域では竜巻が発生し、強い下降流域では、降雹や豪雨が観測されるため、スーパーセルは、「トルネードストーム」だけでなく、「ヘイル（雹）ストーム」ともよばれます。スーパーセルは、雲自体が回転しているため、平面的にスーパーセルを観ると、上昇流域では降水がなく、その周りに降雹域、その外側に強雨域が存在するという、ドーナツのような真ん中にエコーのない領域が

＊フックエコー（hook echo）
スーパーセルを気象レーダーで観測すると、強い上昇気流のため、ドーナツのようにエコーのない領域（echo vault（エコーヴォールト）あるいは、echo free（エコーフリー）領域とよばれる）が存在し、その周囲を取り囲むような強エコーが存在するため、鉤状（フック）のエコーが形成される。フックエコーは、通常のレーダーで観測される竜巻のサインであり、フックエコーの中心付近では竜巻が発生し、北側の強エコー域ではダウンバーストや降雹が生じる。

存在し、それを取り囲むように強エコーが存在するためにフック状（鉤状）になります（図4・12）。

一方、ダウンバースト発生時には、鉾（ほこ）先（spearhead）*や弓矢のように先端が尖ったエコーがしばしば観測されることが多く、ボウエコー*（bow echo）とよばれます。藤田博士が航空機事故時のレーダーエコーで特徴を見出したように、ボウエコーはダウンバーストの指標となります。線状に並んだエコーの中で、ダウンバーストをもたらすエコーが突出しているためこのようによばれます。まさに、弓から矢が放たれる形状に似ています。

同じバンド（ライン）状のエコーでも、積乱雲セルの発生パターンは異なります。常に風上側に新しいセルが発生して1本のバンドを形成するマルチセル型*のエコー内では、個々のセルは発生、衰弱を繰り返して入れ替わるもののバンド自体は停滞して長続きするため、しばしば豪雨の原因となります。一方、ボウエコーのセルは、エコーシステムの走向に対して直角方向に移動するために、このような形状になります。

エコーのかたちから積乱雲の状態が予測できるよ。

＊ spearhead
1975年藤田博士が航空機事故時のレーダーエコーを解析した際、その形状の特徴から鉾（ほこ）先とよんだ。

＊ボウエコー（bow echo）
弓型のエコー。

＊マルチセル（multi-cell）
多重セル。シングルセル（single cell）、スーパーセル（supercell）に対する用語。

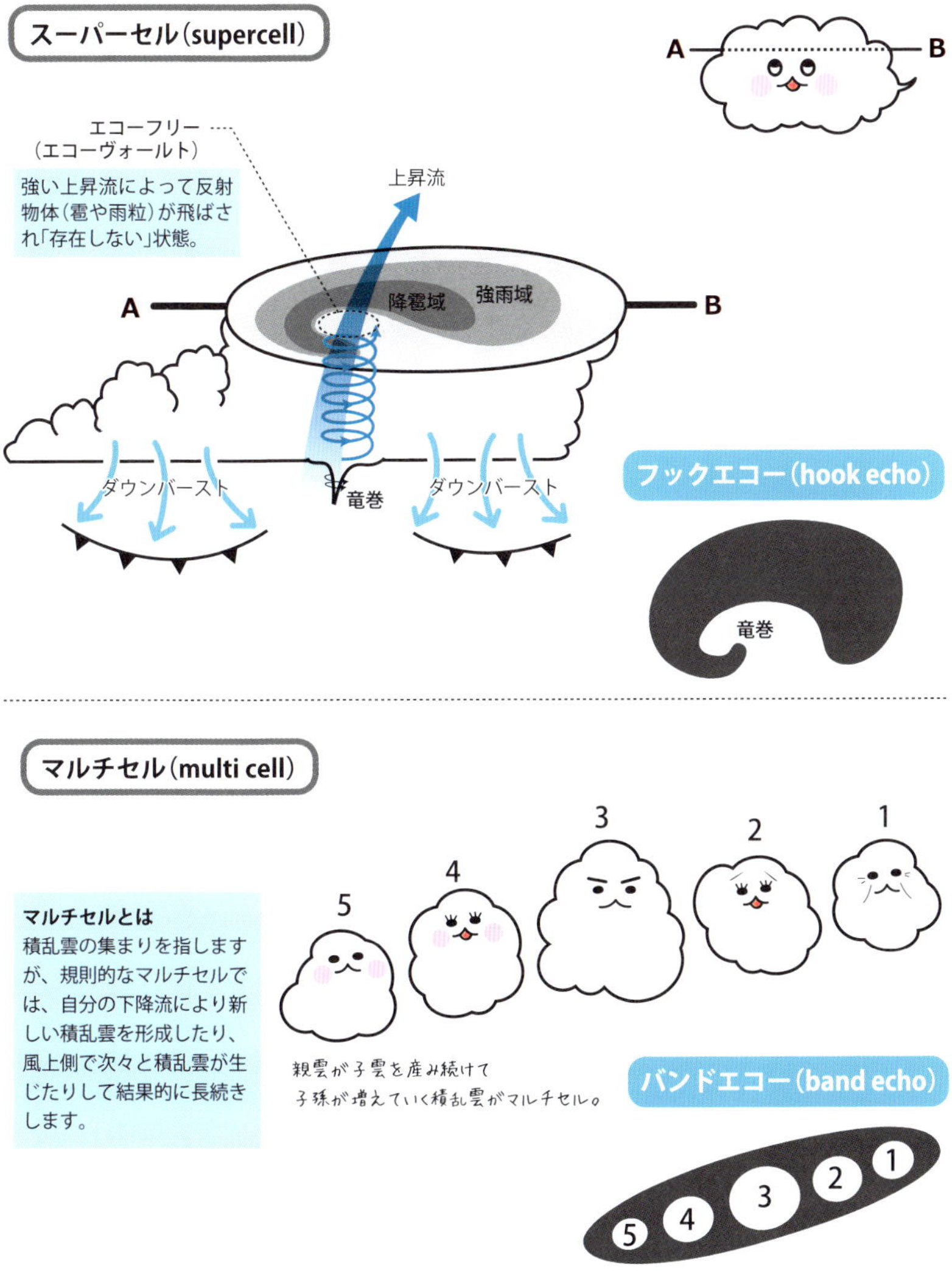

図 4.12　積乱雲の特徴的なエコーパターン

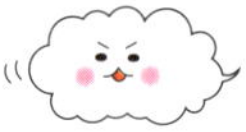

ダウンバースト（down burst）

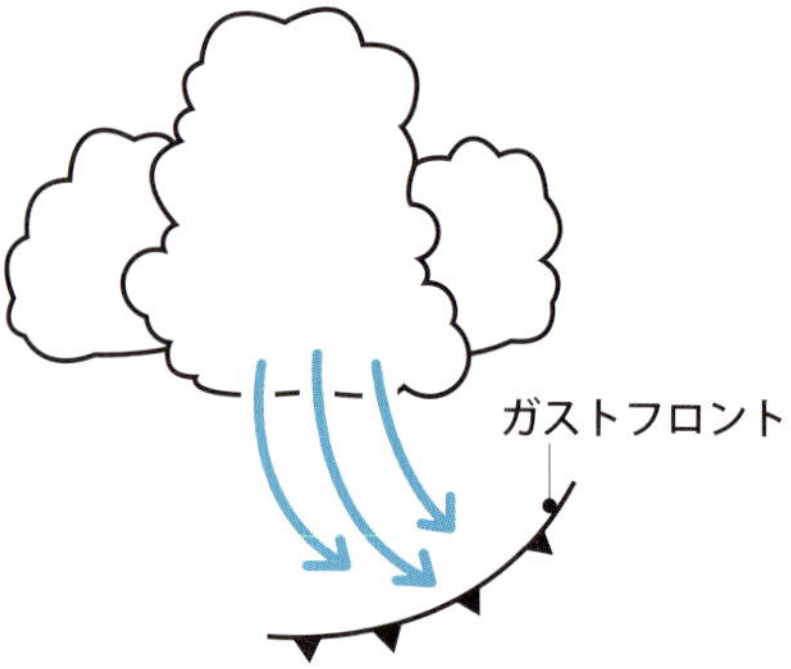

ボウエコー（bow echo）

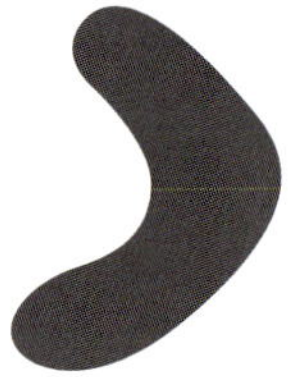

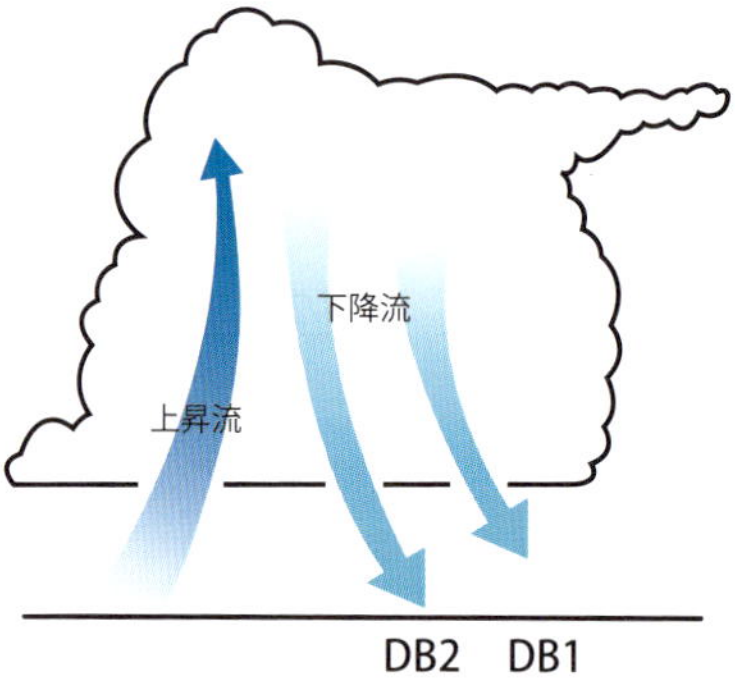

spearhead echo(ほこ先)

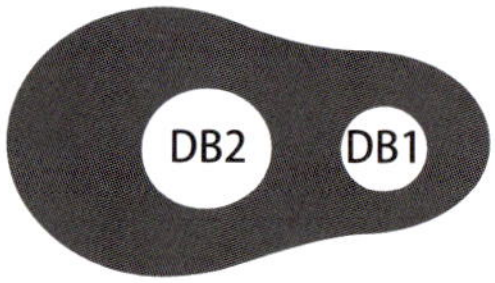

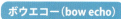

4章　ダウンバーストの実態

コラム⑨　都心で発生したら

2008年7月12日に東京23区内発生したダウンバーストによって、倒木、クレーン転倒、高層ビル作業クレーンの宙づりなどの被害が生じました。その他、送電線や架線に飛散したものが引っかかったり、視程が悪くなり車や列車の運転が困難になったりします。人口密集域では、高層ビルの保守、工事現場、イベントなど、常に屋外における活動が多々あり、テント、仮設構造物、エア遊具などガストフロントで飛散する可能性が高いものが存在し、一歩間違えると重大な事故につながりますから要注意です。

4.4　ダウンバーストから身を守る

ダウンバーストは竜巻に比べてより高頻度、日常の現象といえます。積乱雲からの下降気流は〝当たり前〟の現象であり、夕立*に遭遇したことも一度や二度はあるでしょう。ダウンバーストと通常の下降流を区別することは難しいですから、日頃から「夕立」から身を守ることを学び、実行するのが最善の策といえます。特に、ガストフロント通過時には、突風、風向の急変、気温の急降下、気圧の急上昇を伴うため、これらの変化を察知すれば、いち早く行動に移すことができます。携帯電話や防災情報のなかった時代は、空模様*を見て判断するしかありませんでしたが、現在は多くの情報を得ることが可能です。ダウンバースト/ガストフロントの予測は既に現実のものとなっています。しかしながら、情報が発達した現代でも、気象

*夕立
夏の午後に強い日射により発生する積乱雲（熱雷）。

*空模様
「観天望気」（空（天）を観て天気を予測（望む））は今でも天気予報の基本。

小林
ここではダウンバーストの前兆を知り、退避行動を考えていきましょう。

災害から身を守るには、最後は五感を研ぎ澄ませて異変を察知し、危険を回避することが重要です。

ダウンバーストも竜巻同様に、発達した積乱雲（スーパーセル）からもたらされます。ダウンバースト/ガストフロントは、複雑な条件が重なって発生する竜巻に比べて、はるかに頻度の高い現象ですから、多くの人がこれまでに経験している、あるいはこれから経験する可能性が高いといえます。自分の立ち位置、すなわち積乱雲との相対的な位置関係によって、周囲の状況、雰囲気、見え方は大きく異なります。積乱雲から離れていれば十分に時間的な余裕はありますし、例え積乱雲の真下に居ても早く気付けば避難行動は可能です。

五感を研ぎ澄ませる！

①積乱雲が遠くにある時

・いつもと違う積乱雲が見えたら要注意：急速に発達する積乱雲、回転している積乱雲、雲頂高度が異常に高い積乱雲は要注意です。竜巻やダウンバーストだけでなく、局地的豪雨（ゲリラ豪雨）も伴います。

・雷鳴：雷光が見えなくても雷鳴が聞こえた段階で行動に移しましょう。

・特別な雲：かなとこ雲や乳房雲など、特別な雲を伴っていたら要注意。
・急に空が暗くなったら要注意：晴れていても上空のかなとこ雲が数10㎞のスケールで広がり日射を遮ります。

②積乱雲が近くにある場合
・雹が降ってくる。
・落雷が見える。
・真っ暗になる。
・冷たい風を感じる：ガストフロント通過です。
・叢（くさむら）や土の匂いがする：アスファルトや雨など夕立の前に独特の匂いがします。
・アークが見える。
・壁雲*が見える：スーパーセル内の竜巻の親渦です。

③積乱雲の真下にいる時
・異様な雰囲気になる：目の前が真っ暗になったり、真っ白（乳白色）の世界、この世のものとは思えない。
・積乱雲が発生して降雨が始まるまでの時間：どんなに急成長しても、雲の発生から積乱雲が10㎞近くまで成長するのには、10～20分程度はかかります。この

頑丈な建物に避難！

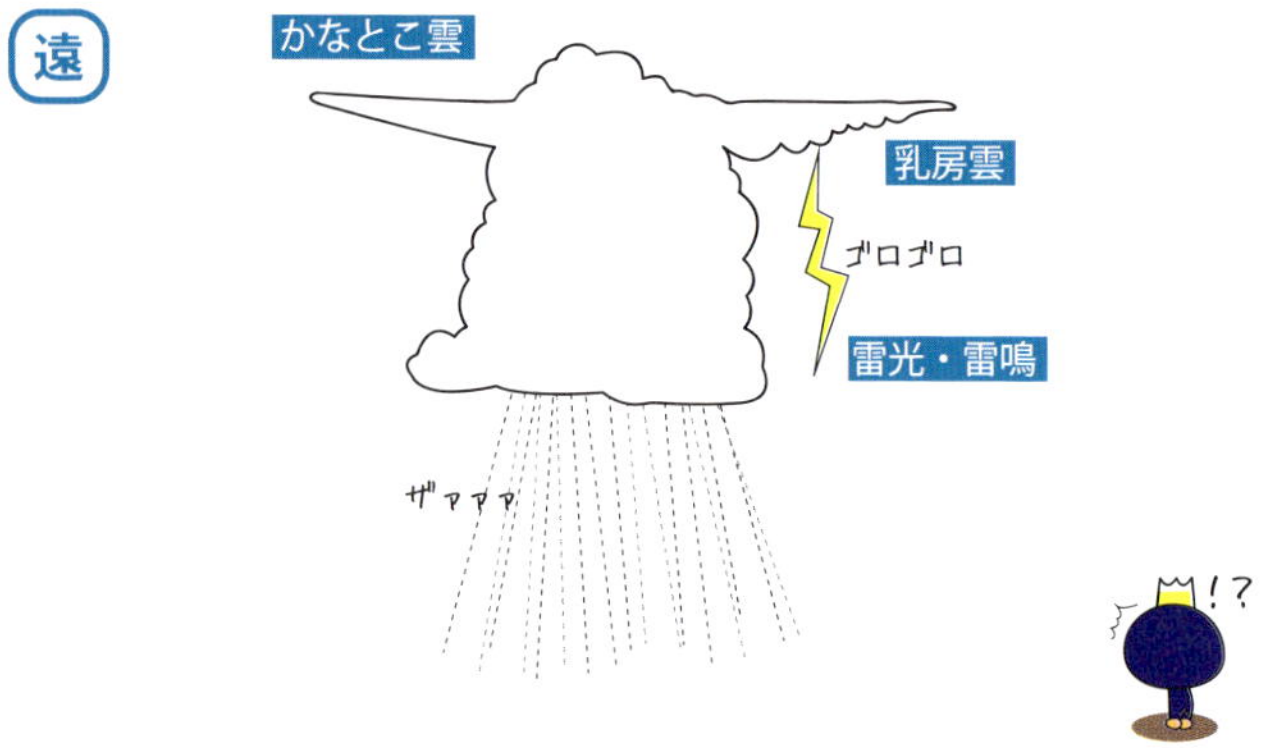
遠
かなとこ雲
乳房雲
ゴロゴロ
雷光・雷鳴
ザァァァ
!?

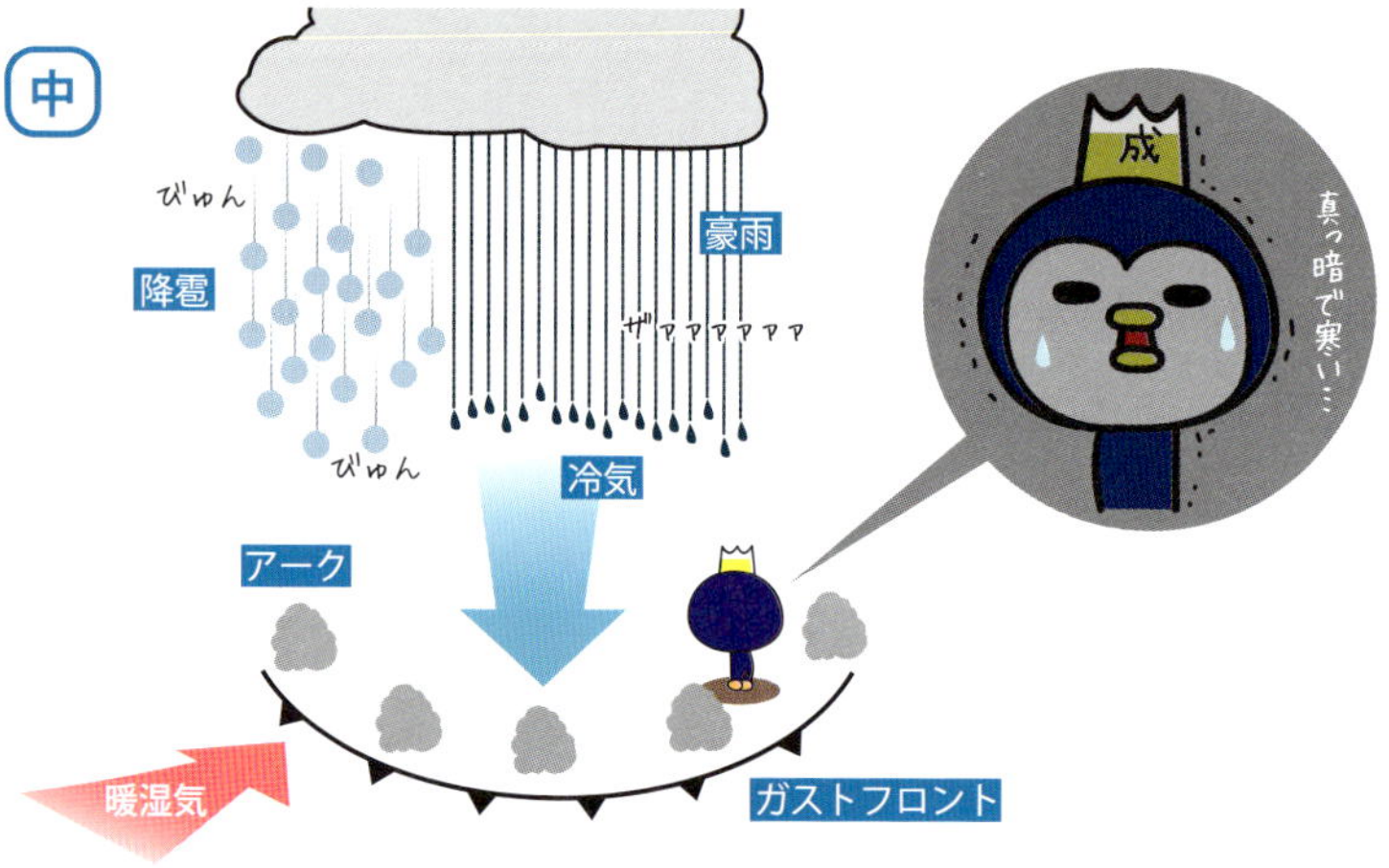
中
びゅん
降雹
豪雨
ザァァァァァァ
びゅん
成
真っ暗で寒い…
冷気
アーク
暖湿気
ガストフロント

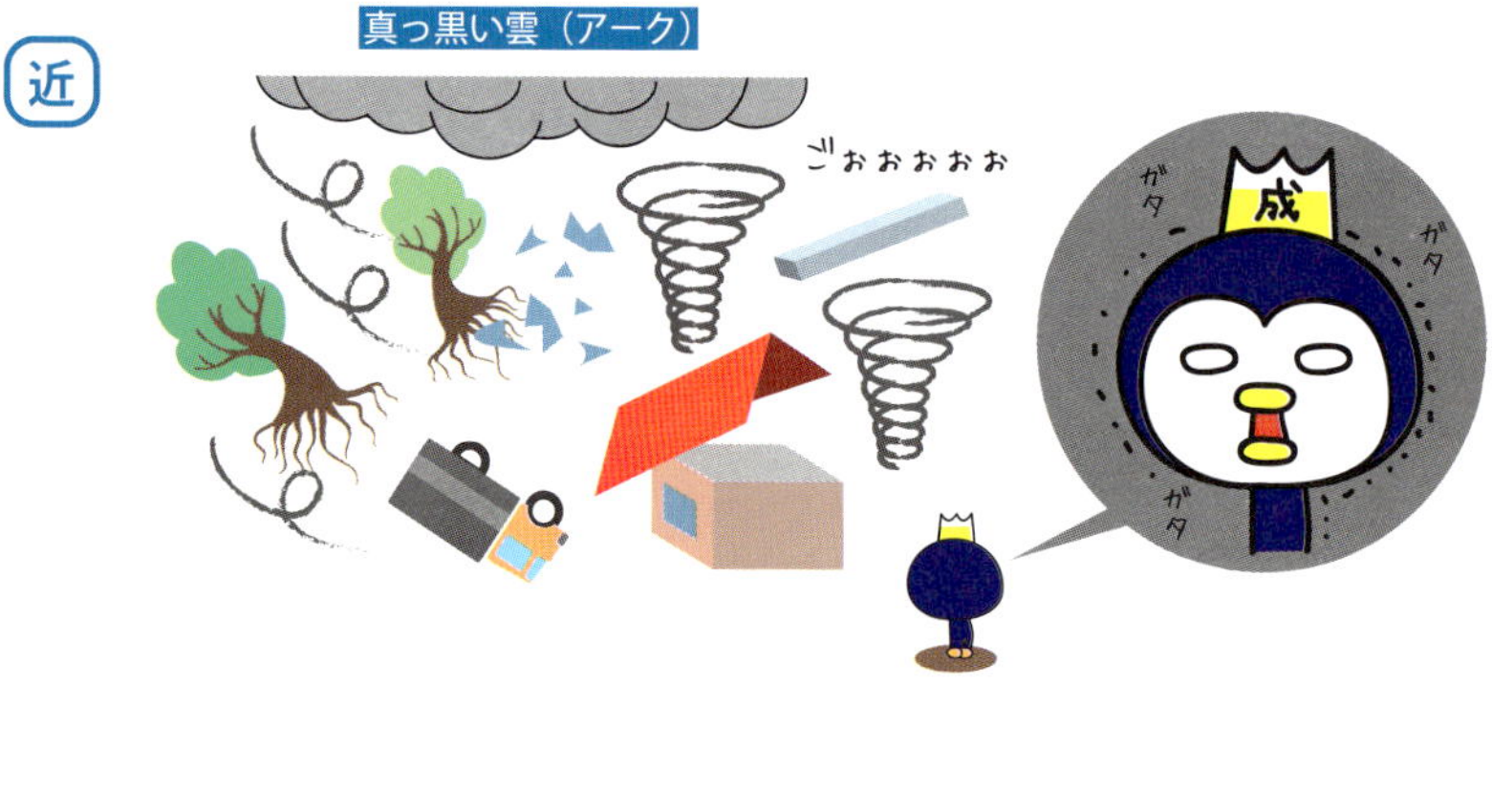
真っ黒い雲（アーク）
近
ごぉぉぉぉぉ
ガタ
成
ガタ
ガタ

間に頑丈な建物に避難する、離れた場所に逃げるなどの行動を起こせば、十分に身を守ることが可能です。

*壁雲（wall cloud）
雲底から垂れ下がったメソサイクロンに伴う円筒状の雲。

頭上の積乱雲

頭上で湧いた積乱雲はどのようにみえるのでしょうか。もくもくとしたカリフラワー状の雲塊は、水平方向に離れた場所から積乱雲の雲頂をみて認識する形状であり、平らな雲底を真下から見上げると、白～灰色～黒っぽい雲がみえるだけです。雲底をみただけでは積乱雲を判別できません。具体的な事例を示しましょう。図4・13は、真夏の房総半島で発生した積雲が積乱雲に発達した事例です。観測サイト上空で発生した積乱雲は、レーダーエコーとして13時00分にファーストエコー*が検出されました。この積乱雲エコーは、13時17分に40 dBZのコア（図ａの赤色）を有する強エコーが観測され、積乱雲が急発達したことがわかります。同時刻の衛星可視画像をみると、東京湾を囲うように積雲が発生して海風前線に沿って発生した積雲の一つが発達したことがわかります（図ｂ）。この積乱雲を約25 ㎞離れた横須賀から観測すると、積雲列の中で積乱雲に発達しつつある雲であり、雲頂高度は３㎞を超えた積乱雲の発生初期段階でした（図ｃ）。この時、房総の観測サイトから見上げると、雲底には低く垂れこめた灰色の雲が乱れた様子で観測され（図ｄ）、降雨は降り始めから僅か15分ほどで強くなりました。このように、比較的離れた場所から見ると積乱雲は客観的に全体像を掴みやすいですが、真上で発生する積乱雲は

*ファーストエコー（first echo）
気象レーダーで最初に検出されるエコー。

理解しにくいものです。わずか10分程度で雲が湧き始めて、頭上を厚い積雲が覆っていくので、雲底を見ただけでは退避行動は難しいと言わざるを得ません。

ダウンバーストが発生！あなたならどうしますか？

嵐が迫っている時、あるいは近くで発生している、これから向かう先で発生している場合、どのように判断し自分の行動を決定すればよいでしょうか。具体的な事例で考えましょう。2007年5月31日、関東地方は低気圧通過後に上空の寒気（500hPaで−18℃）に覆われており、大気の状態が非常に不安定になっていました。東日本で午前中から比較的強い降水が観測され、15時以降、関東平野から東京湾で強い積乱雲エコーが次々と発生した結果、東京都大田区で降雹、神奈川県川崎市では90㎜／hの集中豪雨が観測され、浸水、停電、突風被害が相次

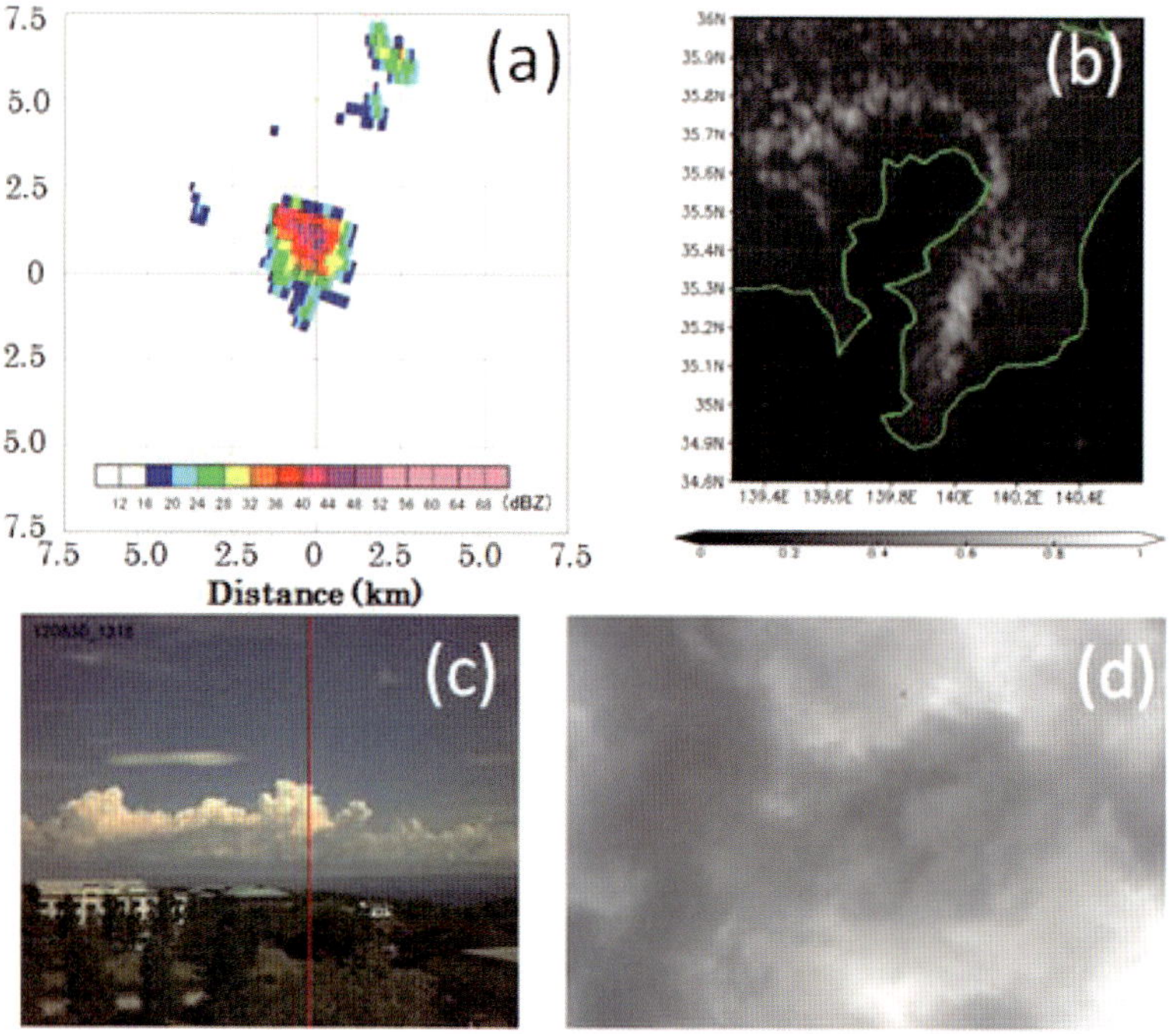

図 4.13（a）13 時 17 分の X-band レーダーエコー（仰角 5.8°）.（b）13 時 10 分の衛星可視画像.（c）13 時 15 分の横須賀サイトからの雲可視画像.（d）13 時 15 分の房総サイト上空（雲底）の雲可視画像. 房総サイトにおける降水は 12 時 59 分から始まり 13 時 15 分から強雨が観測された.（大窪ほか 2014）

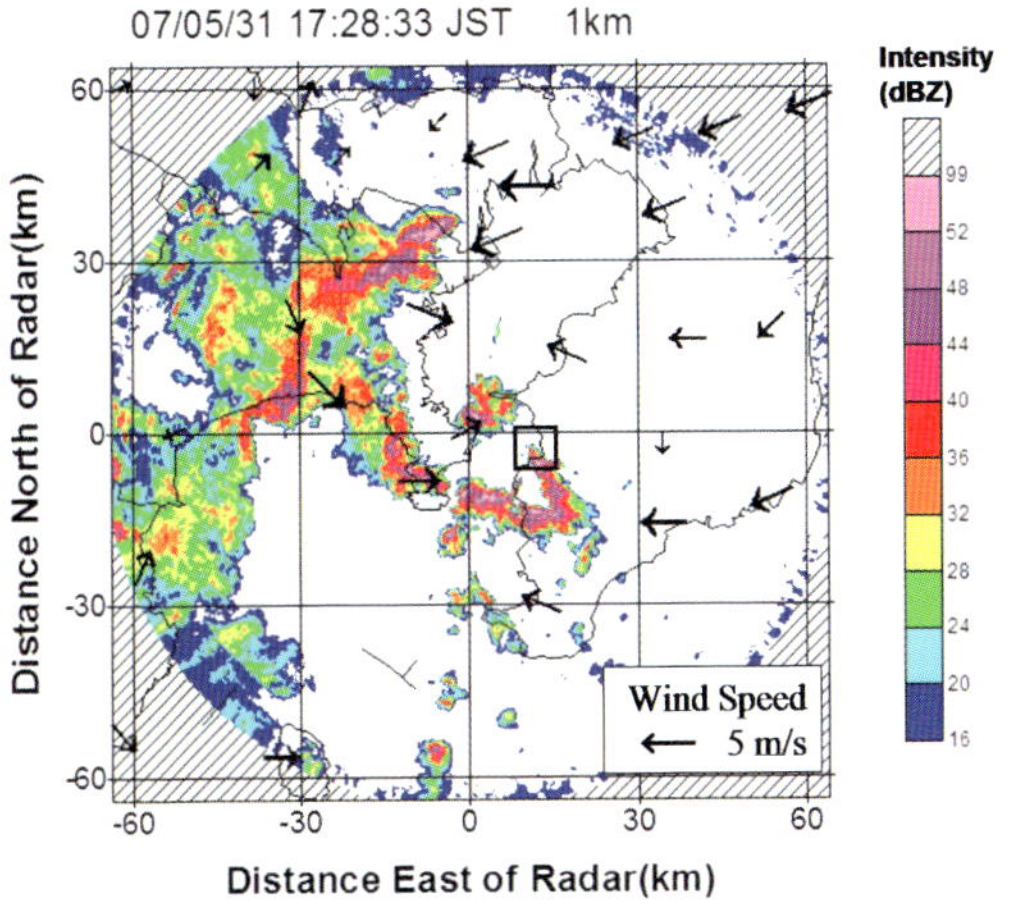

図 4.14　2007 年 5 月 31 日 17 時 28 分のレーダーエコー．矢印はアメダスの風向風速を示す．

図 4.15　17 時 07 分に研究室から北を望んだスナップショット

ぎました。また、これらの積乱雲のうち、房総半島では17時すぎから富津岬とその南東の内陸部で積乱雲が急速に発達し、竜巻*が発生しました。図4・14は17時28分のレーダーエコーを示しています。関東の南部から三浦半島、東京湾、房総半島にかけて強エコーコアを有したいくつもの積乱雲エコーが確認できます。横浜から川崎にかけて存在した強エコーは東進しましたが、この様子は横須賀（研究室）からも観測できました。図4・15は17時07分に研究室から北を見て撮影したスナップショットですが、北の方に真っ黒な雨雲とその先端（東側）にアークが確認できます。すなわち、この発達した積乱雲は降雹や豪雨をもたらしながら、強い下降気流が進行方向前方にガストフロントを形成しながら進行したのです。一方、富津岬周辺の積乱雲はレーダーサイトから至近距離で観測することができ、強い降水に伴う雨足を確認し、南東の積乱雲からは降雹も確認されました。竜巻は17時30分に富津市の海上で発生しました（図中□印）。

この日は年に数回あるかどうかの大気が不安定な日であり、嵐が起こるべくして起こった事例といえます。研究室の屋上で雲とレーダーを見ながら、積乱雲が発達していく様子やガストフロント、竜巻が目視で観測できました。もし、このような状況の情報が手に入ったら、読者の皆さんはどうしますか。まったく無視して行動しますか、それとも行動の予定を変更しますか。実際に、当日は浸水や停電が起こり、交通機関にも遅れなどの乱れが生じていました。

＊竜巻
同日午後に北海道千歳市でも竜巻が発生している。

コラム⑩　ガストフロント通過時には何が起こる？

ガストフロントの通過時には、〝空模様の急変〟に遭遇します。「真っ黒い雲（アーク）が垂れこめる」というのが可視的に最も顕著な変化です。よく時代小説に、「一転にわかにかき煙り、一陣の風が吹いたかと思うと…」という行（くだり）が出てきますが、まさにガストフロントを指しています（昔は「陣風」とよんでいました）。また、アークが形成されない場合でも、空気塊が入れ替わることによって、気象要素の急変が起きます。気圧のジャンプ、気温の低下、湿度の低下が生じますから、肌で感じることができ、気圧の急変＝聴覚、気温降下＝触角、匂い（叢（くさむら）やアスファルトなど夕立の直前の匂い）＝嗅覚など、五感で察知することが可能です。

4.5 日本版EFスケール

F（フジタ）スケールは、藤田博士が1971年に提案した、竜巻の被害スケールを竜巻の強さとしてランク付けしたものです。藤田博士は、航空機観測から竜巻被害の全容を捉え、その被害からおおよその風速を決めようと提唱したのが最初のフジタスケール（Fスケール）です。Fスケールは、通常用いられる風力段階の上限33m/sを下限値に、音速（330m/s）を上限とし、その間を12等分した尺度です。その中で便宜上F1～F5とF1以下のF0の6段階で表現してきました。

Fスケールは竜巻による被害尺度であり、同時に風速推定の尺度にもなります

小林
2012年5月に茨城県つくば市で発生した甚大な竜巻被害から気象庁では突風の強さの把握と対策を検討し、従来のFスケールを改良して日本版EFスケールを策定しました。日本版EFスケールは2016年4月より開始されています。

が、構造物は築年数や施工方法によって同じ風が吹いても被害の程度は異なってきます。また、被害ランクと風速との関係は、構造物の年代による変化や国や地域による違いに左右されることから、FスケールのЕ改良版（ＥＦスケール*）が２００７年からアメリカでは用いられています。Ｆスケールを見直す主な理由は、①被害状況と風速の対応が十分に検証されておらず、Ｆ５に対する風速が過大評価されている。②Ｆスケールの評定に用いられる被害対象（住家、非住家、ビニールハウス、煙突、アンテナ、自動車、列車、数ｔ（トン）の重量物、樹木）が限られており、今の時代の多様な被害に対応していない、という2点です。

日本でも２０１３年からＦスケールの改訂作業が始まり、２０１６年4月から日本版ＥＦスケール*が用いられるようになりました。何故アメリカのＥＦスケールをそのまま用いなかったのでしょうか。日本とアメリカでは構造物も違います。例えば、屋根瓦はアメリカでは見られません。また、アメリカではＥＦスケール決定に際して、竜巻の被害調査経験のある気象学者や建築学者が経験値をもとに、それぞれの被害指標風速のランクづけを行いました。一方日本では、被害調査結果、風洞実験や数値シミュレーションなどの最新の研究成果をもとに、各被害指標の限界風速を決定するという、より厳密な手法を用いて、風速の精度向上を図りました。アメリカのＥＦスケールは、被害状況をもとに改良したものであり、Ｆスケール策定と基本的な考え方は変わりません。しかしながら、ＪＥＦは風速をもとにＦスケールを改良した点で、プロセスが異なります。Ｆスケールが、「被害スケールのラン

*ＥＦスケール
Enhanced Fujita scale。改良フジタスケールとよばれる。

*日本版ＥＦスケール
ＪＥＦ（Japan EF）scale。

ク」だったのに対して、ＪＥＦは「風速推定」のためのランクということができます。このような決定過程の違いを反映して、「ＥＦ」と「ＪＥＦ」の風速ランクは異なっています（表）。ＪＥＦにおける風速のランクは、下限値が「14×ＪＥＦ＋25（ｍ／ｓ）」、上限値が「14×ＪＥＦ＋38（ｍ／ｓ）」という式で決定されています。

具体的なＪＥＦ策定方法は、次のような手順で決定されました。まず、Ｆスケールにおける「被害の状況」を、ＪＥＦでは「被害指標（ＤＩ）*」とし、30のＤＩ（ＥＦでは28のＤＩ）を定義しました。具体的には、「木造住宅」、「鉄骨系プレハブ住宅」、「鉄筋コンクリート集合住宅」、「仮設建築物」、「大規模な庇（ひさし）」、「鉄骨倉庫」、「木造非住家」、「園芸施設」、「木造畜産施設」、「物置」、「コンテナ」、「自動販売機」、「軽自動車」、「普通自動車」、「大型自動車」、「鉄道車両」、「電柱」、「地上広告板」、「道路標識」、「カーポート」、「塀」、「フェンス」、「道路の防風防雪フェンス」、「ゴルフ場ネット」、「広葉樹」、「針葉樹」、「墓石」、「路盤」、「仮設足場」、「ガントリークレーン」の30個のＤＩです。各ＤＩに対しては、被害の程度（ＤＯＤ*）が設定されます。

実際の竜巻被害調査では、個々の被害に対して、①ＤＩとＤＯＤを決定し、対応風速を求めます。②各被害で求めた風速のうちの最大値を、その被害を代表する風速（評定風速）とし、③ＪＥＦスケールを決定する、という手順を踏みます。なお、ＥＦでもＪＥＦでも、統計的にＦスケールとの継続性を考慮して、基本的に両スケールで評定結果はできるだけ同じ階級になるように考えられています。例えば、

*ＤＩ
Damage Index。被害の指標。住家や自動車など個別の構造物。

*ＤＯＤ
Degree of Damage。被害の程度。

〝Ｆスケールで Ｆ２の竜巻は、ＪＥＦでもＪＥＦ２となる〟ように設定されているため、過去のデータと現在のデータの継続性があり、同等に扱うことが可能です。

Fスケール

スケール	風速（m/s）	被害の様子
F0	17～32　（15 秒平均風速）	煙突やアンテナが壊れる
F1	33～49　（10 秒平均風速）	屋根瓦が飛ぶ、車の横転
F2	50～69　（7 秒平均風速）	屋根のはぎとり、非住家倒壊
F3	70～92　（5 秒平均風速）	住家倒壊、車が飛ばされる
F4	93～116　（4 秒平均風速）	住家がバラバラ
F5	117～142　（3 秒平均風速）	ミステリーが起きる

FPP のスケール

F スケール	風速（m/s）	Pスケール	長さ（km）	Pスケール	幅
F0	17～32	P0	＜ 1.6	P0	＜ 16m
F1	33～49	P1	1.6～5.0	P1	16～50m
F2	50～69	P2	5.1～15	P2	51～160m
F3	70～92	P3	16～49	P3	161～499m
F4	93～116	P4	50～160	P4	0.5～1.5km
F5	117～142	P5	161～508	P5	1.6～4.9km

米国のEFスケール階級表（改良フジタスケール）

階級	風速	発生割合	想定される被害
EF0	29–38m/s 105–137km/h	53.5%	軽微な被害。 屋根がはがされたり、羽目板に損傷を受けることがある。木の枝が折れたり、根の浅い木が倒れたりする。確認された竜巻のうち、被害報告のないものはこの階級に区分される。
EF1	39–49m/s 138–178km/h	31.6%	中程度の被害。 屋根はひどく飛ばされ、移動住宅はひっくり返ったり、破壊されたりする。玄関のドアがなくなったり、窓などのガラスが割れる。
EF2	50–60m/s 179–218km/h	10.7%	大きな被害。 建て付けの良い家でも屋根と壁が吹き飛び、木造家屋は基礎から動き、移動住宅は完全に破壊され、大木でも折れたり根から倒れたりする。
EF3	61–74m/s 219–266km/h	3.4%	重大な被害。 建て付けの良い家でもすべての階が破壊され、比較的大きな建物も深刻な損害をこうむる。列車は横転し、吹き飛ばされた木々が空から降ってきたり、重い車も地面から浮いて飛んだりする。基礎の弱い建造物はちょっとした距離を飛んでいく。
EF4	75–89m/s 267–322km/h	0.7%	壊滅的な被害。 建て付けの良い家やすべての木造家屋は完全に破壊される。車は小型ミサイルのように飛ばされる。
EF5	90m/s～ 323km/h～ （すべて3秒平均風速）	0.1% 未満	あり得ないほどの激甚な被害。 強固な建造物も基礎からさらわれてぺしゃんこになり、自動車サイズの物体がミサイルのように上空を100メートル以上飛んでいき、鉄筋コンクリート製の建造物にもひどい損害が生じ、高層建築物も構造が大きく変形するなど、信じられないような現象が発生する。

日本版改良藤田スケール（JEF）における階級と風速の関係

階級	風速（m/s）の範囲（3秒平均）	主な被害の状況（参考）
JEF0	25 ～ 38m/s	・木造の住宅において、目視でわかる程度の被害、飛散物による窓ガラスの損壊が発生する。比較的狭い範囲の屋根ふき材が浮き上がったり、はく離する。 ・園芸施設において、被覆材（ビニルなど）がはく離する。パイプハウスの鋼管が変形したり、倒壊する。 ・物置が移動したり、横転する。 ・自動販売機が横転する。 ・コンクリートブロック塀（鉄筋なし）の一部が損壊したり、大部分が倒壊する。 ・樹木の枝（直径 2cm ～ 8cm）が折れたり、広葉樹（腐朽有り）の幹が折損する。
JEF1	39 ～ 52m/s	・木造の住宅において、比較的広い範囲の屋根ふき材が浮き上がったり、はく離する。屋根の軒先又は野地板が破損したり、飛散する。 ・園芸施設において、多くの地域でプラスチックハウスの構造部材が変形したり、倒壊する。 ・軽自動車や普通自動車（コンパクトカー）が横転する。 ・通常走行中の鉄道車両が転覆する。 ・地上広告板の柱が傾斜したり、変形する。 ・道路交通標識の支柱が傾倒したり、倒壊する。 ・コンクリートブロック塀（鉄筋あり）が損壊したり、倒壊する。 ・樹木が根返りしたり、針葉樹の幹が折損する。
JEF2	53 ～ 66m/s	・木造の住宅において、上部構造の変形に伴い壁が損傷（ゆがみ、ひび割れ等）する。また、小屋組の構成部材が損壊したり、飛散する。 ・鉄骨造倉庫において、屋根ふき材が浮き上がったり、飛散する。 ・普通自動車（ワンボックス）や大型自動車が横転する。 ・鉄筋コンクリート製の電柱が折損する。 ・カーポートの骨組が傾斜したり、倒壊する。 ・コンクリートブロック塀（控壁のあるもの）の大部分が倒壊する。 ・広葉樹の幹が折損する。 ・墓石の棹石が転倒したり、ずれたりする。

JEF3	67 ～ 80m/s	・木造の住宅において、上部構造が著しく変形したり、倒壊する。 ・鉄骨系プレハブ住宅において、屋根の軒先又は野地板が破損したり飛散する、もしくは外壁材が変形したり、浮き上がる。 ・鉄筋コンクリート造の集合住宅において、風圧によってベランダ等の手すりが比較的広い範囲で変形する。 ・工場や倉庫の大規模な庇において、比較的狭い範囲で屋根ふき材がはく離したり、脱落する。 ・鉄骨造倉庫において、外壁材が浮き上がったり、飛散する。 ・アスファルトがはく離・飛散する。
JEF4	81 ～ 94m/s	・工場や倉庫の大規模な庇において、比較的広い範囲で屋根ふき材がはく離したり、脱落する。
JEF5	95m/s ～	・鉄骨系プレハブ住宅や鉄骨造の倉庫において、上部構造が著しく変形したり、倒壊する。 ・鉄筋コンクリート造の集合住宅において、風圧によってベランダ等の手すりが著しく変形したり、脱落する。

30のDI（被害指標）

鉄筋コンクリート集合住宅

鉄骨系プレハブ住宅

木造住宅

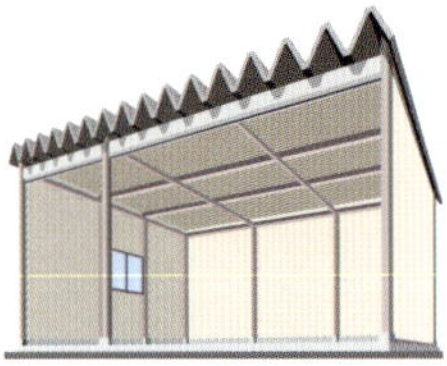
鉄骨倉庫

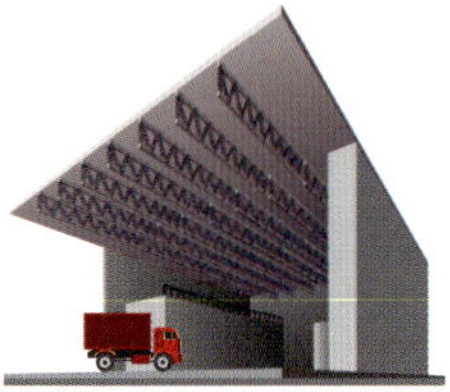
大規模な庇（ひさし）

仮設建築物

木造畜産施設

園芸施設

木造非住家

自動販売機

コンテナ

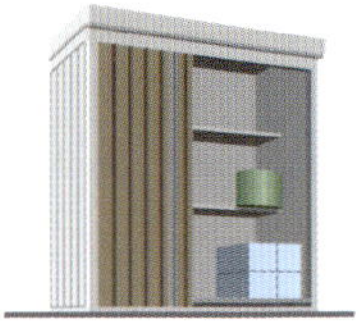
物置

大型自動車

普通自動車

軽自動車

地上広告板

電柱

鉄道車両

塀

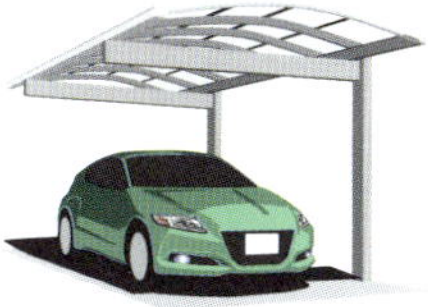
カーポート

道路標識

ゴルフ場ネット

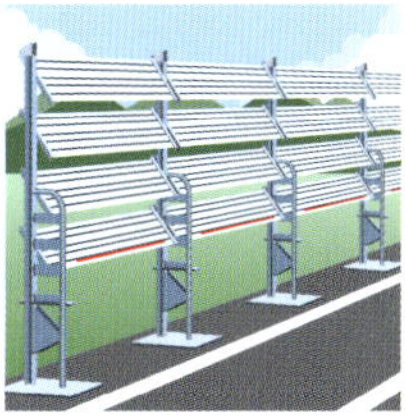
道路の防風防雪フェンス

フェンス

墓石

針葉樹

広葉樹

ガントリークレーン

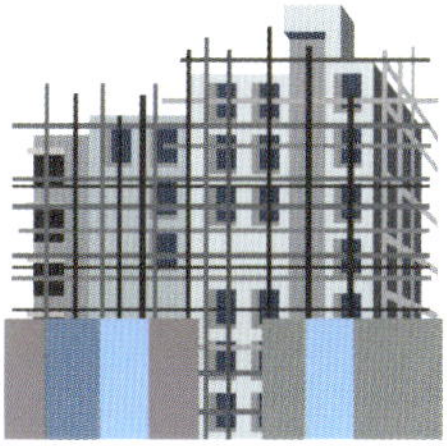
仮設足場

路盤

コラム⑪　何故Ｆスケールを変えるの？

フジタスケールは約50年前に考案されましたが、現在では構造物の耐風強度が変化し、対象となる構造物が増えたことから、現在の尺度に合った変更が要求されていました。既にアメリカとカナダでは改良型フジタスケール（ＥＦスケール）が実用化されています。日本でも独自のスケール（ＪＥＦスケール）が２０１６年４月から実用化されました。基本的な改良の考え方は同じですが、風速区分は各国で異なっています。ＪＥＦの場合、実際の竜巻被害調査で個々の被害に対して、①ＤＩとＤＯＤを決定し、対応風速を求める。②各被害で求めた風速のうちの最大値を、その被害を代表する風速（評定風速）とし、③ＪＥＦスケールを決定する、という手順を踏みます。そのため、ある被害に対して、最大風速値が決定されるという〝決定論〟的な手法であることが特徴です。ただし、同じ日本でも本州の太平洋側と日本海側、北海道、沖縄では家屋の構造が異なります。また、同じ風速の風が吹いても台風がよく接近する沖縄と本州とでは被害の程度が異なります。このような点も被害調査時には考慮する必要があります。

5章　ダウンバーストの観測と予測

5.1 ドップラーレーダーによる観測手法

気象レーダー*は、降雨を観測するための測器であり、手の届かない雲内の雨を遠隔測定*で捉えることが可能です。気象レーダーはマイクロ波*帯の電磁波を発射して、後方散乱物体*である降水粒子の集合体からの反射波を測定し、受信電力の強度から雨量を推定します。波長数センチメートルの気象レーダーで観えるものは、降水粒子以外に、「地形（グランドクラッタ）」、「波（シークラッタ）」、「航空機」、「船舶」、「大気の屈折率*」、「雷放電路」などがあります。ドップラーレーダーは反射強度の測定に加えて、発射されたパルス波*が降水粒子で後方散乱される際のドップラーシフト*を測定し、降水粒子の移動速度すなわち風を観測することができる高性能レーダーです。1台のドップラーレーダーで観測できるのは、収束・発散、渦という特徴的な速度パターン*です。つまり、リアルタイムで積乱雲内のメソサイクロンや、ダウンバーストに伴う地上付近の発散を観測することができるのです。

ドップラーレーダーは、レーダービーム方向（動径方向）の風速、つまりレーダーに近づく風速またはレーダーから遠ざかる風速が測定できます。パラボラを1回転させることで、360°の風を観測します。ただし、1台のドップラーレーダーでは

*気象レーダー
日本では、気象庁、国土交通省、防衛省、大学や研究所、電力会社、民間気象会社などが有している。

*遠隔測定
リモートセンシングの訳。直接測定に対する用語。

*マイクロ波
波長数センチメートルの電磁波。

*後方散乱物体
マイクロ波が反射される対象物体。

*大気の屈折率
前線や成層状態により空気の密度が異なる面で電磁波は反射や屈折する。

*パルス波
間欠的に放射される波。

*ドップラーシフト
電波や音波の発信源や反射体が動くことにより波長が変化する、「ドップラー効果」により変化する送信波と受信波の周波数の違い。

*速度パターン
エコーパターンと同様に、スキャンされた平面内における速度分布。

動径方向（ビーム方向）の降水粒子の動き、すなわちレーダーに近づく風（負）と遠ざかる風（正）の情報のみしか得られず、ビームに直交する風速成分は測定することができないため、正確な風の場を求めることはできないのです。実際の３次元風速を観測するためには、３台のドップラーレーダーを組み合わせて観測を行う必要があります。

ダウンバーストの場合、１台のドップラーレーダーで下降流そのものを観測するためには、下降流の真下でレーダーを真上に向けて観測しなくてはならず、現実の観測では鉛直観測*で下降流を捉えることは難しいといえます。ドップラー速度パターンで検出できるのは、地上付近の発散と、アウトフロー先端であるガストフロントにおける収束です（図５・１）。ドップラーレーダー観測では、マイクロバースト直下の地上付近で反対方向に発散する水平風速差のことを、differential velocity*とよびます。ドップラーレーダーによるマイクロバーストの定義は、「differential velocity V ≧10m/s」と定量的に提唱されています。現在、空港気象ドップラーレーダーでは、積乱雲直下の differential velocity を観測してマイクロバーストの検出を行い、パイロットにウィンドシアーの情報を提供しています。

5.2 ドップラーレーダーによる観測事例

ガストフロントの観測

実際のダウンバースト／ガストフロントはドップラーレーダーでどのように観る

*鉛直観測
パラボラを真上に向けた観測手法。

*differential velocity
発散場でビーム方向に相対する正負の風速差。

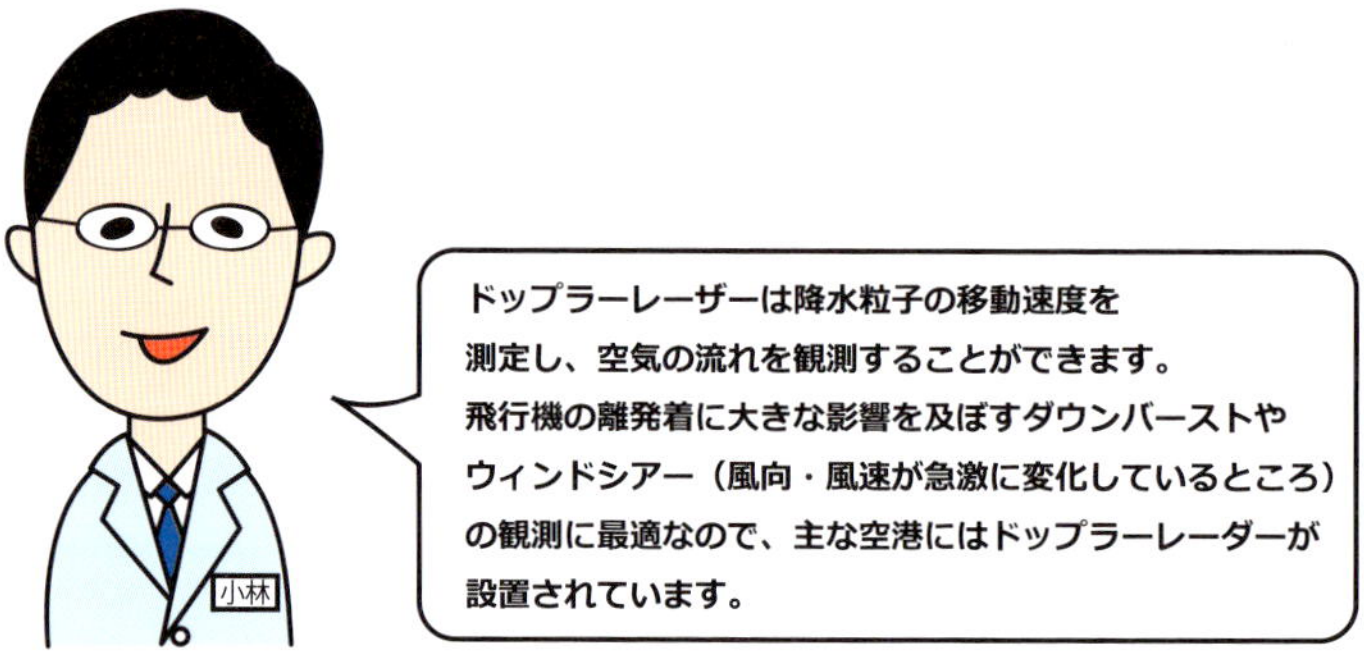
小林
ドップラーレーザーは降水粒子の移動速度を測定し、空気の流れを観測することができます。飛行機の離発着に大きな影響を及ぼすダウンバーストやウィンドシアー（風向・風速が急激に変化しているところ）の観測に最適なので、主な空港にはドップラーレーダーが設置されています。

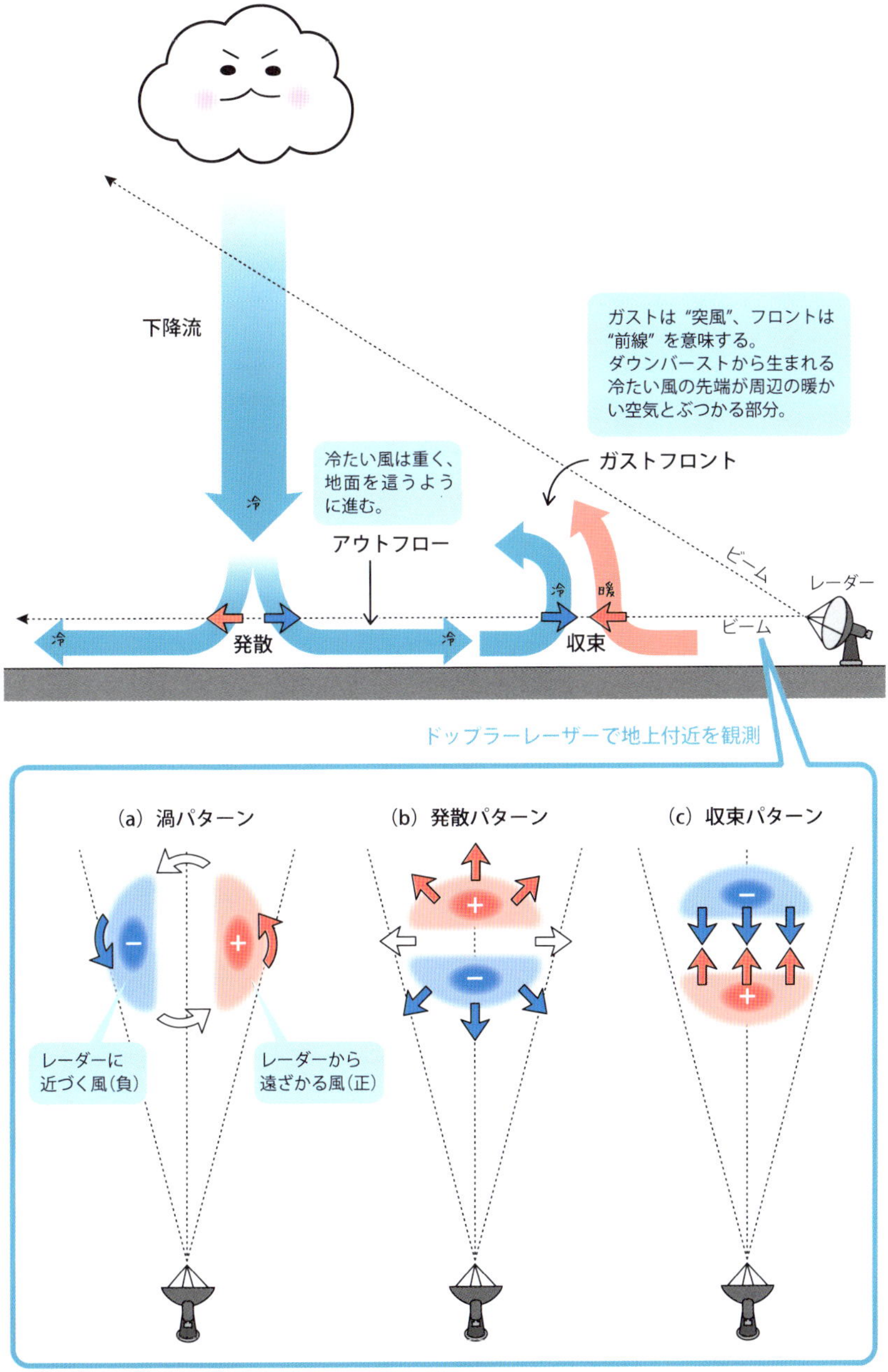

図 5.1　積乱雲からの下降流とレーダー観測（上）と収束・発散・渦のドップラー速度パターン（下）

ことができるのでしょうか。特に、降水を伴わないガストフロントはレーダーで観測可能なのでしょうか。具体的な観測事例をみましょう。3・2節で示した、2004年7月11日の事例について、積乱雲の発生から順を追って示します。当日は低気圧の接近に伴い大気は不安定であり、寒冷前線が通過した午前中に関東地方の各地で積乱雲（雷雨）の発生が確認されました。11時頃神奈川県北西部で発生した積乱雲は急速に発達し、レーダーエコーは線状にまとまりながら南東に進みました。この南北のライン状にまとまったエコーは、メソ対流システム*の様相を呈し、12時30分には長さ50kmを超えるバンド状になり、その南西端には長さ約10kmのボウエコーが確認されました（図5・2）。このエコー内では強エコーコアの落下が認められ、ダウンバーストが発生したことが示唆されました。この時のドップラー速度場をみると、エコーの進行方向前方で円弧状のドップラー速度パターン（赤色）が確認され、これがガストフロントに対応します。

このように刻々とドップラー速度で観測されたガストフロントの位置を地図上に描いてみると、レーダーサイトから北西に約20kmの地点から、ガストフロントはその形状や長さを変えながら南東方向に平均12m/sの速度で進行したことがわかります（図5・3）。ただし、ガストフロントの進行速度は一様ではなく、13時07分までは速度は増加し、その後時間とともに速度は減少しました。一般に、ガストフロントなど重力流の進行速度は、地上摩擦の影響で時間とともに減少すると考えられていますが、今回の事例ではガストフロントの進行速度は発生地点から水平距離

***メソ対流システム**
対流性エコーと層状性エコーを併せ持つ積乱雲システム。Mesoscale Convective System（MCS）の訳。

で5km程度、5分程度のタイムラグでそのピークが現れました。

ガストフロントの進行速度は、積乱雲エコーの進行速度（平均11m/s）に比べ速く、エコー（降水）に先行して地上のアウトフロー（ガストフロント）が通過したことがわかります。そのために、図5・2に示したエコーに先行してエコー前面にドップラー速度場で明瞭なガストフロントが検出されたといえます。ガストフロントの平均的な進行速度と、ドップラー速度でみたガストフロント内の平均的な風速はほぼ一致し、ガストフロントのスケールは、最盛期で長さ約15kmに達しました。このようなガストフロントのライフサイクルは、ガストフロント上に形成されたアークの発達過程（3・2節）ともよく対応していました。

通常、Xバンドレーダー（波長3cm）で後方散乱物体となるのは直径1mm以上の降水粒子の集合体であり、非降水エコー*を観ることは難しいのです。しかもレーダーの受信感度の問題（レーダーの最小受信レベルは13dBZ）もあり、弱いエコーはノイズに埋もれてしまいます。そ

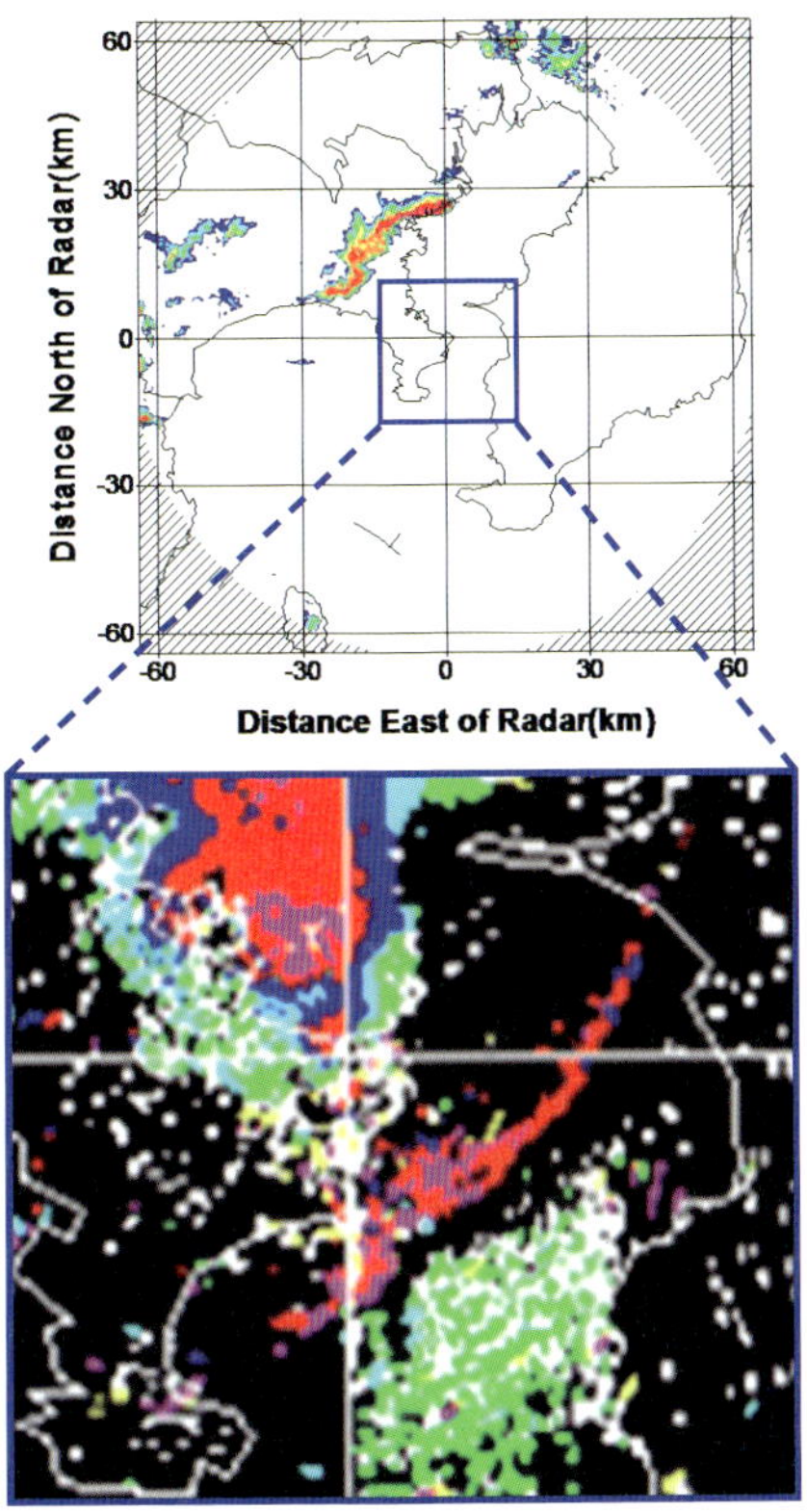

図 5.2　（上）2004年7月11日12時47分の高度1kmにおけるレーダーエコー強度パターン．赤い領域が40 dBZ 以上の強エコーコアを示す．
（下）12時47分のドップラー速度パターン（拡大図）．暖色（赤）がドップラーレーダーから遠ざかる風を表す．

*非降水エコー（clear air echo）　降水以外の物体（昆虫、種子、大気成層）からの反射によるエコー。

の点、ドップラーモードでは相対的に弱いデータも使いドップラーシフトを計算するために、反射強度データに比べてより広範囲で降水域の速度場を観測することができます。今回の事例では、ガストフロント上に形成されたアーク*からの後方散乱の速度パターンを捕捉することができ、その結果ガストフロントが明瞭な速度パターンとして観測されたのです。

ガストフロント進行経路で観測された気象要素の変化を図5・4に示します。ダウンバースト発生地点から約10km離れた地点では、約7℃の気温降下と2・0hPaの気圧上昇が観測され、それに対して、約20km離れると、約5℃の気温降下と1・6hPaの気圧上昇でした。両地点における気圧や温度差の違い

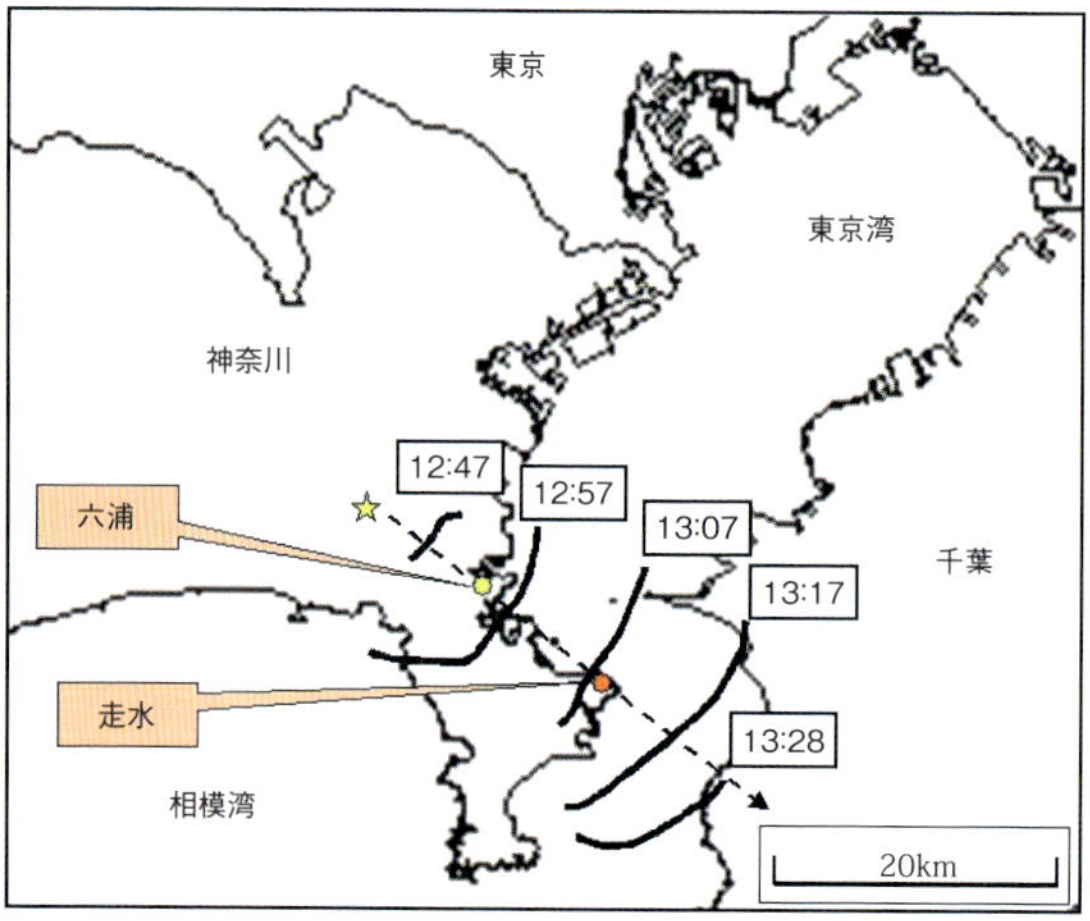

図 5.3　ガストフロントの位置の時間変化（12 時 47 分～ 13 時 28 分）．○印は地上気象観測地点（横須賀市六浦と横須賀市走水）を☆印はダウンバースト発生推定地点を示す．ガストフロントの進行速度は、12 時 47 分～ 12 時 57 分間 12.3m/s、12 時 57 分～ 13 時 07 分間 14.8m/s、13 時 07 分～ 13 時 17 分間 13.7 m/s と解析された．

*この時のアークは一部地上で降水を観測。

***両地点の気温回復**
六浦では一旦変化した後ほぼ一定値であったのに対して、走水では気温降下後30分程度で元の値に回復。

は、ガストフロントが吹走する間に、アウトフロー内部の構造（温度や冷気の厚さなど）が変質した結果です。両地点における気温の回復*には差があり、これは積乱雲本体からの短時間の強雨（8mm/10min）によりガストフロント通過後も冷気に覆われていたのと、一方では積乱雲本体の降水は確認されずガストフロントのみが通過したために、気温はもとの値に戻った違いと考えられます。このように、地上を吹走するガストフロントは決して一様ではなく、刻々とその構造が変化しています。

マイクロバーストの観測

次に、複数のドップラーレーダー観測から捉えられたマイクロバーストの事例を紹介しましょう。２００８年7月12日に東京都の23区内で発達した積乱雲に伴い、数回のマイクロバーストが発生した事例では、渋谷区、目黒区、港区、江東区で倒木、クレーン転倒、高層ビル作業クレーンの宙づりなどの被害が相次ぎました。この事例はX-NET*観測により、複数のドップラーレーダーによる観測が行われ、３次元の風の場を捉えることができました。この時の積乱雲を、３台の

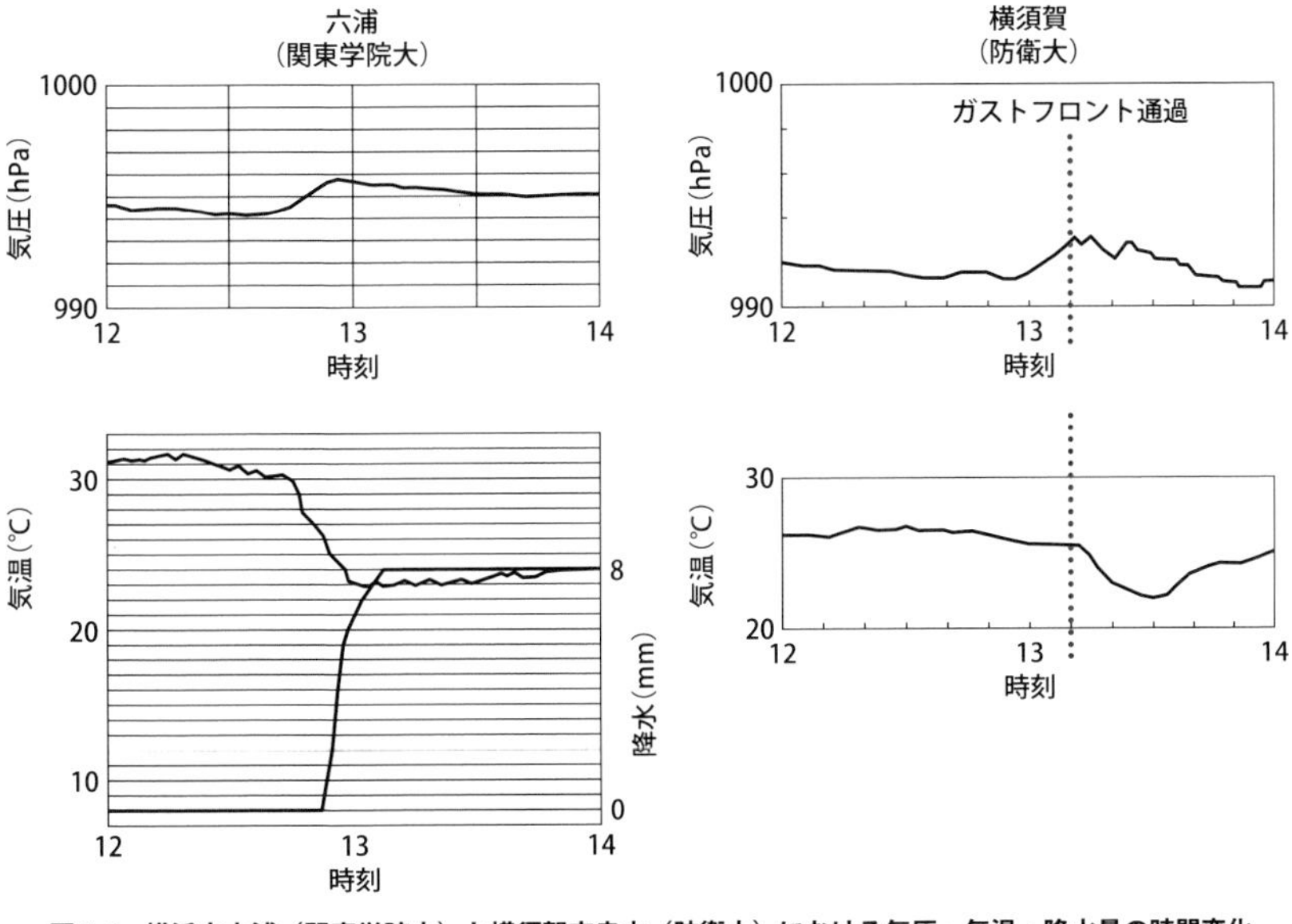

図 5.4　横浜市六浦（関東学院大）と横須賀市走水（防衛大）における気圧・気温・降水量の時間変化

ドップラーレーダデータを用いた3次元の風ベクトルを計算することで、反射強度だけでなく、正確な水平風と鉛直流を求めることができました。図5・5に示したように、被害域上空には、降水強度が100㎜/hを超える強エコーが存在し、その直下で顕著な被害が発生したことがわかります。2台のドップラーレーダーにより求められた水平風速は明瞭な発散場を示し、発散の中心には平均で4m/sの強い下降流が存在していたことが明らかになりました。つまり、この突風被害の原因は、積乱雲からの強い下降気流＝ダウンバースト（マイクロバースト）であったことが、ドップラーレーダー観測から示されました。

＊ X-NET
首都圏で構築された複数のドップラーレーダーを用いたネットワーク。2007年から中央大学、防衛大学校、防災科学技術研究所の3台のレーダーを用いたネットワーク観測が始まり、この観測プロジェクトは、波長3㎝のXバンド・レーダーのネットワークということで、"X-NET"と名付けられた。竜巻、ダウンバースト、ゲリラ豪雨など極端気象の短時間予測（ナウキャスト）の社会実験を試みている。

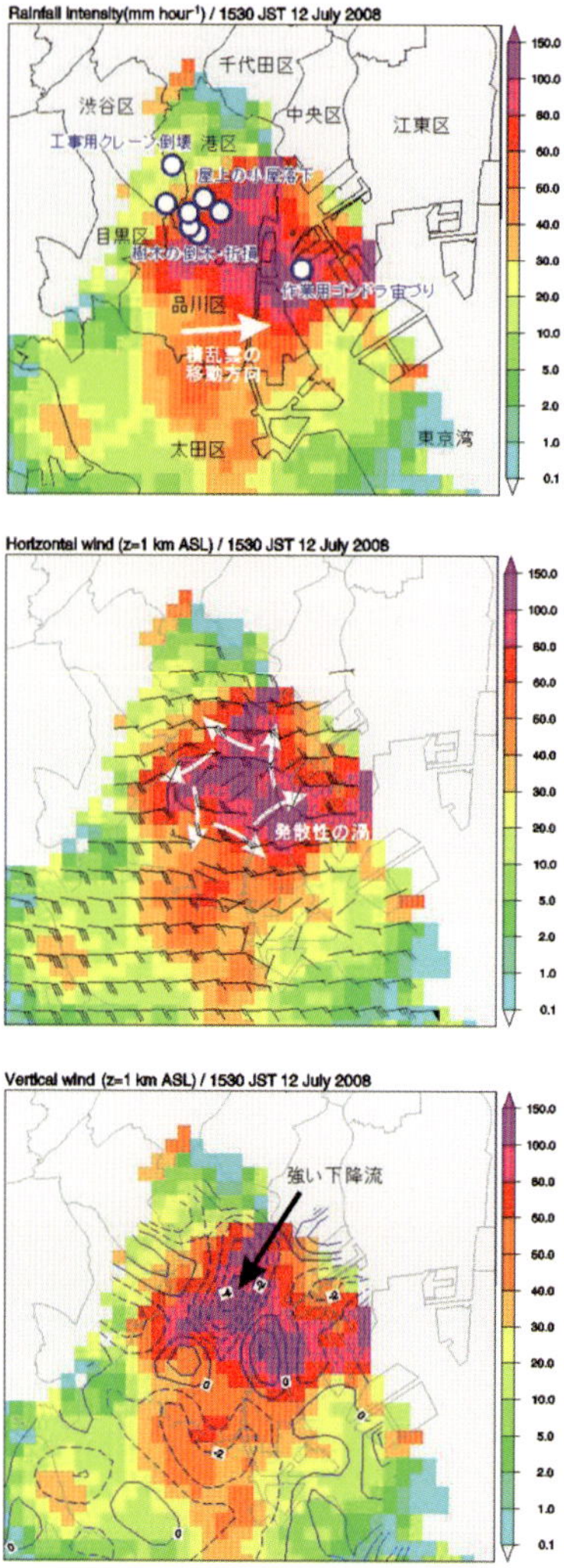

図 5.5　2008 年 7 月 12 日都内で発生したマイクロバーストを X-NET で観測した結果. 15 時 30 分の降水強度（上），水平風速場（中），鉛直流（下）.（前坂剛氏提供）

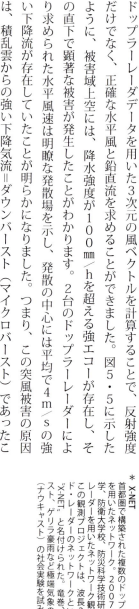

5.3 ガストフロントの短時間予測

ダウンバーストやガストフロントの予測は何故難しいのでしょうか。一般に、地球上の大気現象は地球のスケール*に対応した時間・空間スケールを有しており、数1000kmを有する大規模（マクロあるいは総観（シノプティック）スケール）な現象から、微気象といわれるマイクロスケールの現象まで、固有の時空間スケールが存在します。サンダーストームのスケールは、マクロとマイクロの中間のスケール、すなわちメソ（中小規模）スケールに対応します。1個の積乱雲は数kmから10km程度のメソγスケール（2km～20km）、積乱雲群は数10kmから数100kmのメソβスケール（20km～200km）、さらに積乱雲群を形成するメソ低気圧や前線などはメソαスケール（200km～2000km）に対応します（図5・6）。観測手法もそれぞれの器材の持つ空間分解能によって観える対象が決まっています。ラジオゾンデは数100km間隔で1日に2回飛揚されているのでメソα、気象衛星（ひまわりなどの静止気象衛星）は空間分解能*が1km程度でありメソβ、気象レーダーは空間分解能が100m程度でありメソγの現象を観ることが可能です。

ダウンバーストを予測するためには、落下する降水域をリアルタイムで把握する必要があります。つまり、ゲリラ豪雨を予測することと同じなのです。高度5～6kmから落下してくる降水は、気象レーダーでみると強エコー領域である〝降水コア〟としてモニターされます。降水コアが高度6kmから10m/sで落下するとして、

＊**地球のスケール**
地球の半径は6400kmあり、1周約40000kmが水平方向の最大のスケールとなる。それに対して対流活動の鉛直方向スケールは対流圏の厚さ約10kmである。

＊**空間分解能**
現象のスケールに対して、最低でも1/10の解像度を持つ必要がある。

地上に達するまでに10分を要しますから、気象レーダーで十分に刻々とその様子を捉えることは可能です。しかしながら、通常の気象レーダーはパラボラを回転させて観測するために、1回の多仰角観測に3～5分程度かかってしまいます。最近実用化された、フェーズドアレイレーダーは多数の素子（小型のアンテナを多数配置）から同時に電波を異なった方向に発射することで、瞬時に3次元的なデータが得られます。これまで5分かかっていたものが、10～30秒で観測可能となり、飛躍的に時間分解能が向上したため、フェーズドアレイレーダーはダウンバーストやゲリラ豪雨のモニターに適しています。

ガストフロントの把握は、1台のドップラーレーダーで可能です。図5・3で示したように、数10分前からガストフロントの位置がわかりますから、この情報が伝われば十分に退避行動が可能といえます。ガストフロントに遭遇してテントが飛ばされるなどの被害を経験した人、現場に居合わせた人からは、「空模様が怪しくなり、黒い雲が近づいたので、片付け始めた矢先に突風にあおられた。」という声をよく耳にします。ドップラーレーダーと目視観測を行っていると、数10分前からガストフロント（アーク）が刻々と移動し、接近してくる様子が手に取るように把握でき、自分の頭上を通過するタイミングをカウントダウンできます。つまり、ドップラーレーダー観測により、正確なナウキャスト*を行

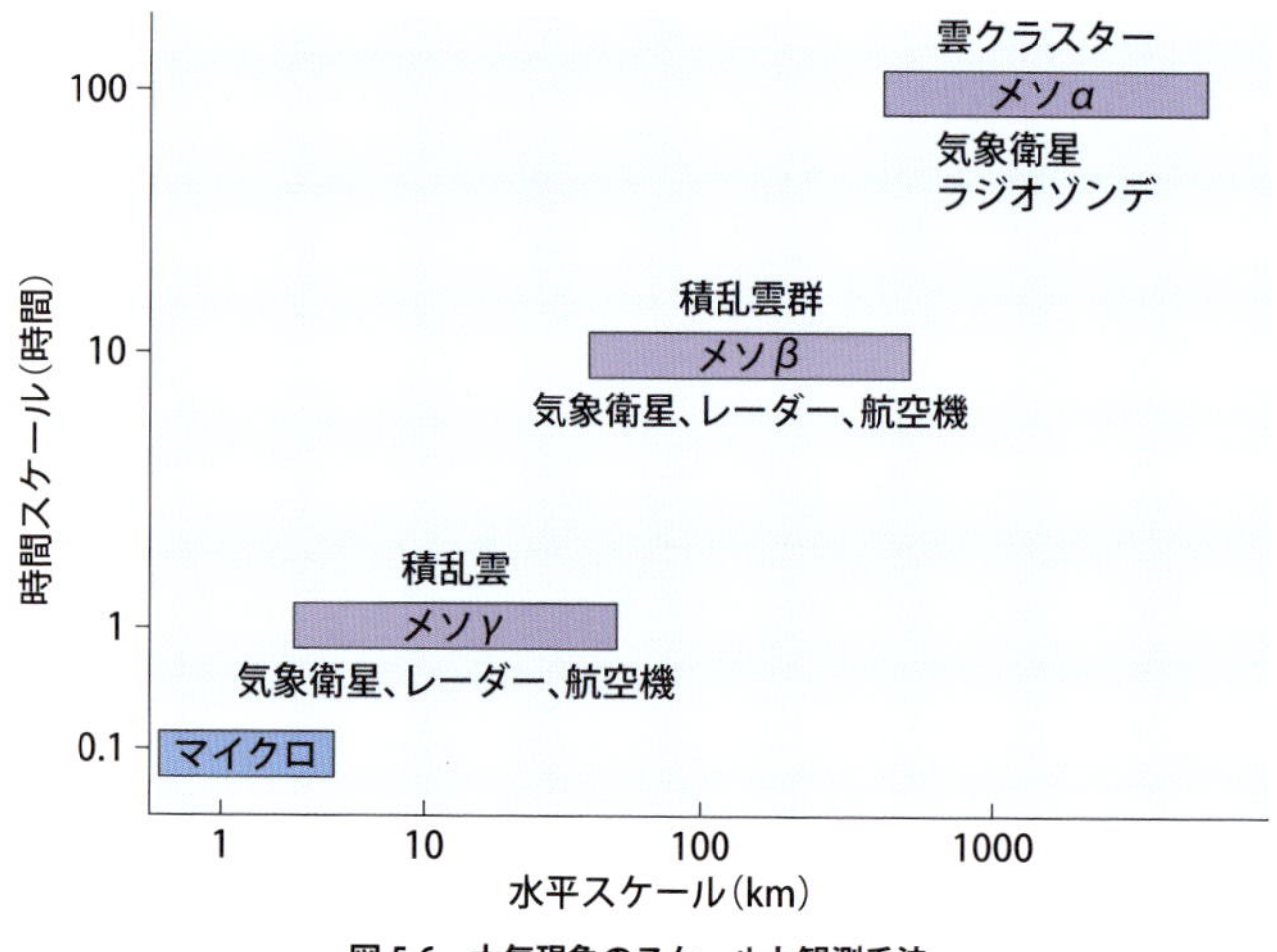

図 5.6　大気現象のスケールと観測手法

い、その情報を提供することが可能な段階に来ているといえます。屋外に居る人も、ガストフロントに伴うアークを認識し、携帯電話などでガストフロントの位置情報が10分前にわかれば、屋外での片づけや退避行動をとることが十分可能であり、このような事故を減らすことになるでしょう。

さらに最近では、積乱雲の発生に関する研究も進んでいます。夏の積乱雲は入道雲ともいわれ、もくもくとしたカリフラワーのような形状を有しています。一房のカリフラワーを一口大に分けて食卓に出すように、1個の巨大な積乱雲も無数の雲の塊から成り立っています（図5・7）。すなわち、水平スケールで10㎞を有する積乱雲もその中には、1㎞程度の雲の塊（タレット*）が存在し、タレットは100m程度の雲（タフト*）で構成されています。これまでは、10㎞程度の積乱雲全体が観測対象でした。言い換えると、通常の気象レーダーの分解能では積乱雲全体を捉えるのに精いっぱいでした。最近では高性能の雲レーダー*など新しい観測技術の出現で、水平スケールが1㎞のタレットや100mのタフトなどの積乱雲の微細構造が観えるようになってきました。つまり、積乱雲の発生初期段階、積雲の発生から把握して、竜巻やダウンバースト、ゲリラ豪雨をいち早く予測しようとしています。

＊ナウキャスト（nowcast）
短時間予測。明日の天気の予報（短期予報）に対して、5分先、10分先の予報を指す。現在（now）＋予報（forecast）を組み合わせた造語。

＊タレット（turret）
積乱雲の水平スケール1㎞程度の塊。

＊タフト（tuft）
タレットの微細構造で100m程度の雲の塊。

＊雲レーダー
波長がミリ波のレーダー。直径100μmの雲粒子からの反射を捉えるので、降水ではなく雲をみることが可能。

コラム⑫　竜巻・ダウンバーストの将来予測

竜巻の将来予測に関しては、スーパーコンピュータなどの数値計算手法を用いてさまざまな議論が行われていますが、共通の認識には至っていません。温暖化に伴い、大気が不安定になり対流活動が活発になることは、ほぼ一致した見解です。スーパーセルを生み出す、風の鉛直シアーの環境場の変化についてはいまだ統一的な結果が見出されていないためです。一方、気候変動（温暖化）によって、下層の水蒸気量増加と昇温による不安定度の増大が寄与するため、対流活動が活発になり、ダウンバースト/ガストフロント、ゲリラ豪雨、落雷の数は確実に増えるでしょう。

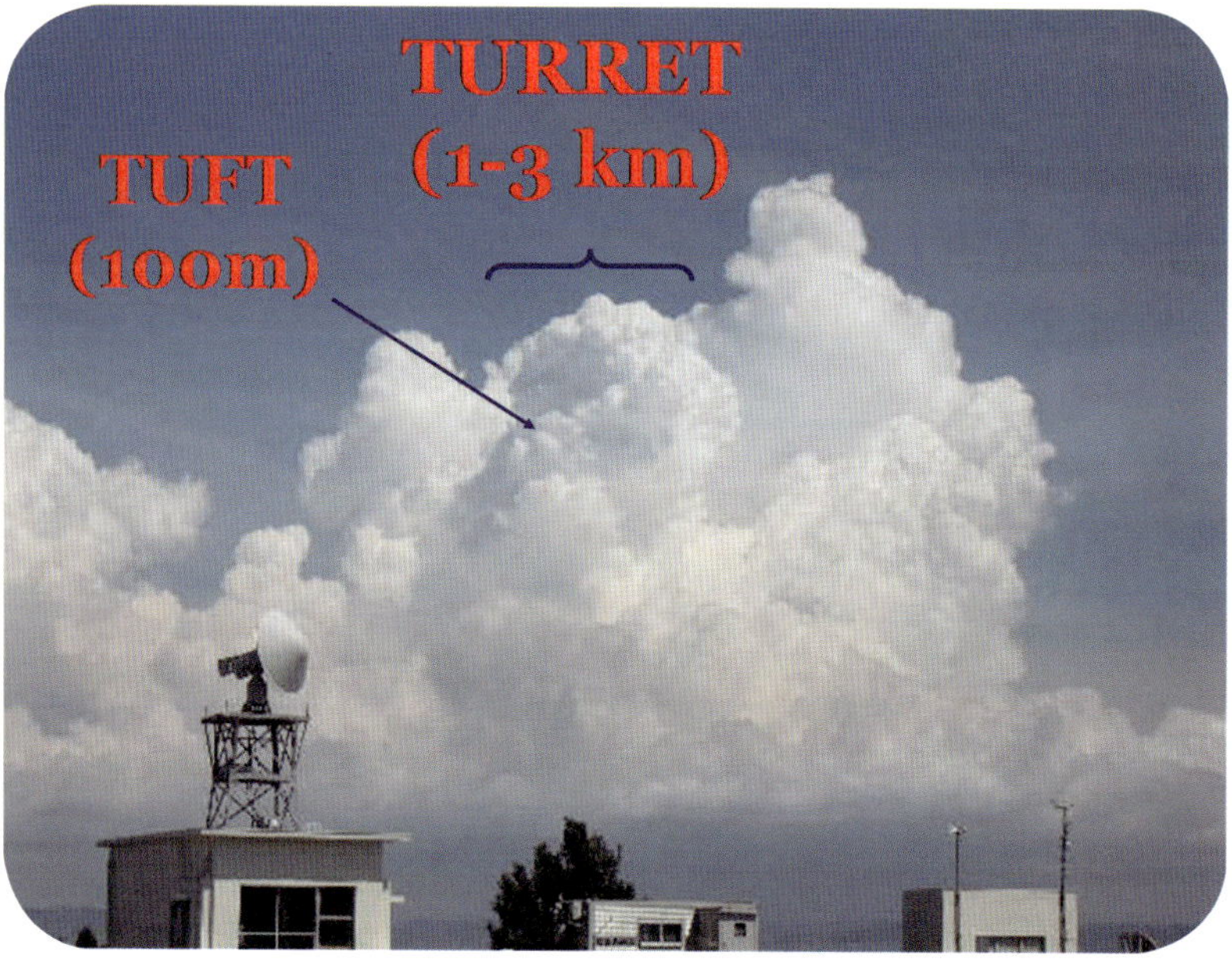

図 5.7　積乱雲の微細構造

5.4 超高密度地上気象観測網

　アメダスなど現有の地上気象観測網で、竜巻やダウンバーストなどのメソ～マイクロスケールの極めて局地的な現象を捉えることは困難です。これは、観測測器を十分な空間分解能*で設置することが難しいためです。具体的には、場所の確保、メンテナンス、コストの面が壁になり、現実には難しいのです。しかしながら、地上の観測でも新しい試みが行われています。２０１３年夏から、群馬県内で超高密度の地上気象観測網が展開され始めました。この観測網は、小学校やコンビニに簡易気象計センサーを設置することで、アメダスよりもはるかに密な地上観測網を構築しました。最も空間密度の高い所で分解能は１㎞を切ります。アメダスの間隔が約20㎞ですから、〝1㎞メッシュの観測網〞を実現させたことになります。

　この群馬県を中心に展開された地上気象観測網はPOTEKA*と名付けられました。２０１３年7月からの観測でPOTEKAは、２０１３年7月11日に発生したダウンバーストをはじめ、その後2年間で顕著なダウンバーストや竜巻*を捉えることに成功しました。以下、具体的な事例を紹介しましょう。

　２０１３年8月11日午後、群馬県内において突風を伴う激しい雷雨が発生し、高崎市および前橋市で住家の屋根の飛散などの突風被害が生じました。気象庁の報告では、この突風は「ダウンバーストまたはガストフロント」、その強さは「Ｆ１（33～49ｍ／ｓ）」と推定され、被害はほぼ直線状に並んだ約22㎞の地域に点在して

＊**十分な空間分解能**
雷雨を捉えるためには、雨量計を１０００㎢あたり最低でも30個以上設置する必要がある。ちなみにアメダスは３・５個。

＊**POTEKA**（ポテカ）
Point Tenki Kansoku の略で伊勢崎市の小学生が命名。

＊**顕著なダウンバーストや竜巻**
２０１３年7月11日に群馬県太田市、伊勢崎市で発生したダウンバースト（Ｆ０）、7月12日太田市で発生したダウンバースト（Ｆ０）、8月11日に前橋市で発生したダウンバースト（Ｆ１）、9月16日にみどり市で発生した竜巻（Ｆ１）、２０１４年7月27日に伊勢崎市で発生したガストフロント（Ｆ０）、２０１４年8月22日に前橋市、伊勢崎市で発生したダウンバースト（Ｆ０）、２０１５年6月15日に前橋市から伊勢崎市で発生したダウンバースト（Ｆ１）など少なくと7事例を捉えることに成功。

いました。POTEKA は被害域内外に設置されており、突風被害発生地点において地上の気象要素（気温・気圧・混合比・感雨）の顕著な変化を捉えました（図３・21参照）。この日は18時から18時半頃にかけて、発達した積乱雲が高崎市、前橋市上空を通過し、POTEKA は、気温、気圧、湿度、感雨、日照を1分間隔で測定しており、これらの気象要素の顕著な時間変化は複数の観測地点で確認できました。

　気圧のジャンプが生じた等時刻線の空間分布を描き、レーダーエコーと対応させてみると、最初の気圧のジャンプは強エコー域の前面に位置しながら進行して、平均速度は11ｍ／ｓでエコーの平均移動速度とほぼ一致しました（図５・８）。ガストフロントの進行速度*は一様ではなく、時間とともに増加しました。２回目の気圧のジャンプは、強エコーコアに位置し、その平均速度は約10ｍ／ｓでした（図５・９）。このような地上気象要素の変化パターンは、他の POTEKA 観測事例でも同様の変化が確認されました。

　２０１５年６月15日に前橋市から伊勢崎市を襲ったダウンバーストは、各地でF1スケールの被害をもたらしました。ダウンバースト発生時の伊勢崎市上空の写真には、シャフト状の降雨が確認でき、降水に伴うダウンバーストが原因であったことを裏付けています（図５・10）。地上の被害は複数の地点で確認され、数１００ｍの被害域では軽自動車の横転、住宅、倉庫、農業用設備、太陽光パネルなどの破損が報告されました（図５・11）。POTEKA の気象計は当初、気温、気圧、湿度、感雨、日照でした（POTEKA-I）が、２０１４年から新型 POTEKA-II が設置され、

＊ガストフロントの進行速度
17時56分～18時07分間で6・9ｍ／ｓ、18時07分～18時24分間で10・0ｍ／ｓ、18時24分～18時27分間で16・6ｍ／ｓと速度を増した。

風向風速と雨量が加わりました。前橋市内で観測された気象要素の時間変化には、明瞭な気圧上昇と気温降下、時間的に遅れて風速の立ち上がりが観測されました（図5・12）。図5・13は、このダウンバーストの瞬間を捉えた、温度場（図中等値線）と風の場（矢印）です。20℃以下の青い領域がダウンバーストの冷気を表しており、南側の30℃を超える高温域とは大きな気温の変化が存在します。この等温線が混んだ部分がガストフロントです。風の場をみると、ダウンバースト領域では発散したアウトフローを捉えており、またガストフロントでは前方高温域の南東風と北北西の風がぶつかっていることがわかります。このように、超高密度の地上気象観測を行えば、竜巻やダウンバーストを捉える事ができ、居ながらにして周囲の詳細な気象変化を把握することが可能になるのです。

5.5 ダウンバーストの発生頻度

日本ではいったいどのくらいの頻度でダウンバーストが発生しているのでしょうか。その実数は誰も知りません。発達した積乱雲の数だけ発生しているかもしれないのです。定量的にダウンバーストの現象を捉えるためには、ドップラーレーダーや地上気象観測網を用いた観測を行う必要があります。最後の節では、著者が行ったダ

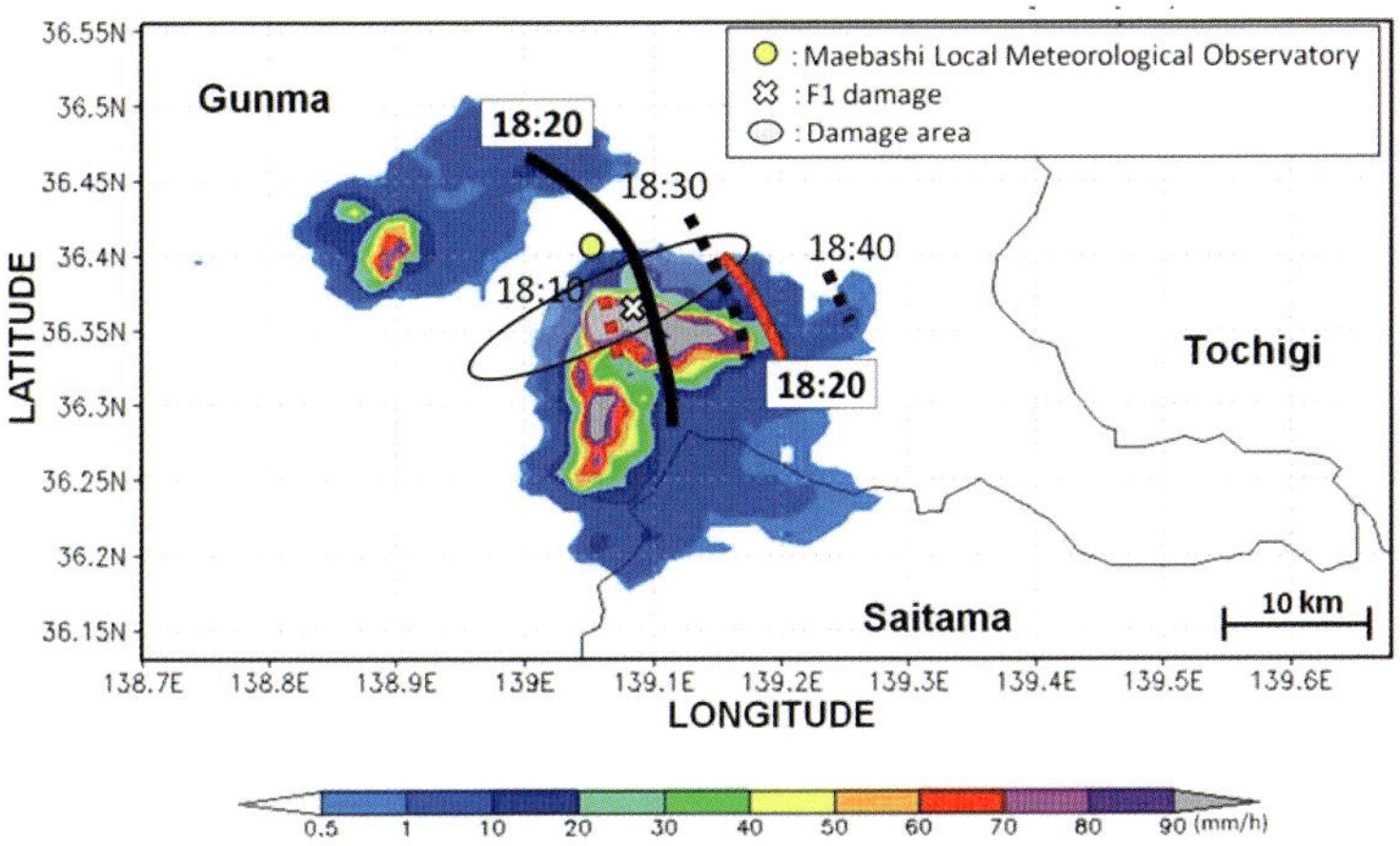

図 5.8　2013 年 8 月 11 日 18 時 20 分のレーダーエコーと気圧ジャンプの等値線．赤色実線は最初の気圧ジャンプを，黒色実線と破線は 2 回目の気圧ジャンプを示す．○印は気象台の場所を，※は最も被害が大きかった場所を，楕円は被害域をそれぞれ示す．（Norose et al. 2016）

ウンバーストの観測結果を示しましょう。降雪雲からの下降流（スノーバースト）の実態を明らかにするために、１９９４年から北陸沿岸（福井県三国町と石川県小松市）で、２００７年から東北の日本海側（山形県酒田市）で、気象レーダーと地上気象観測器材を用いた観測を行いま

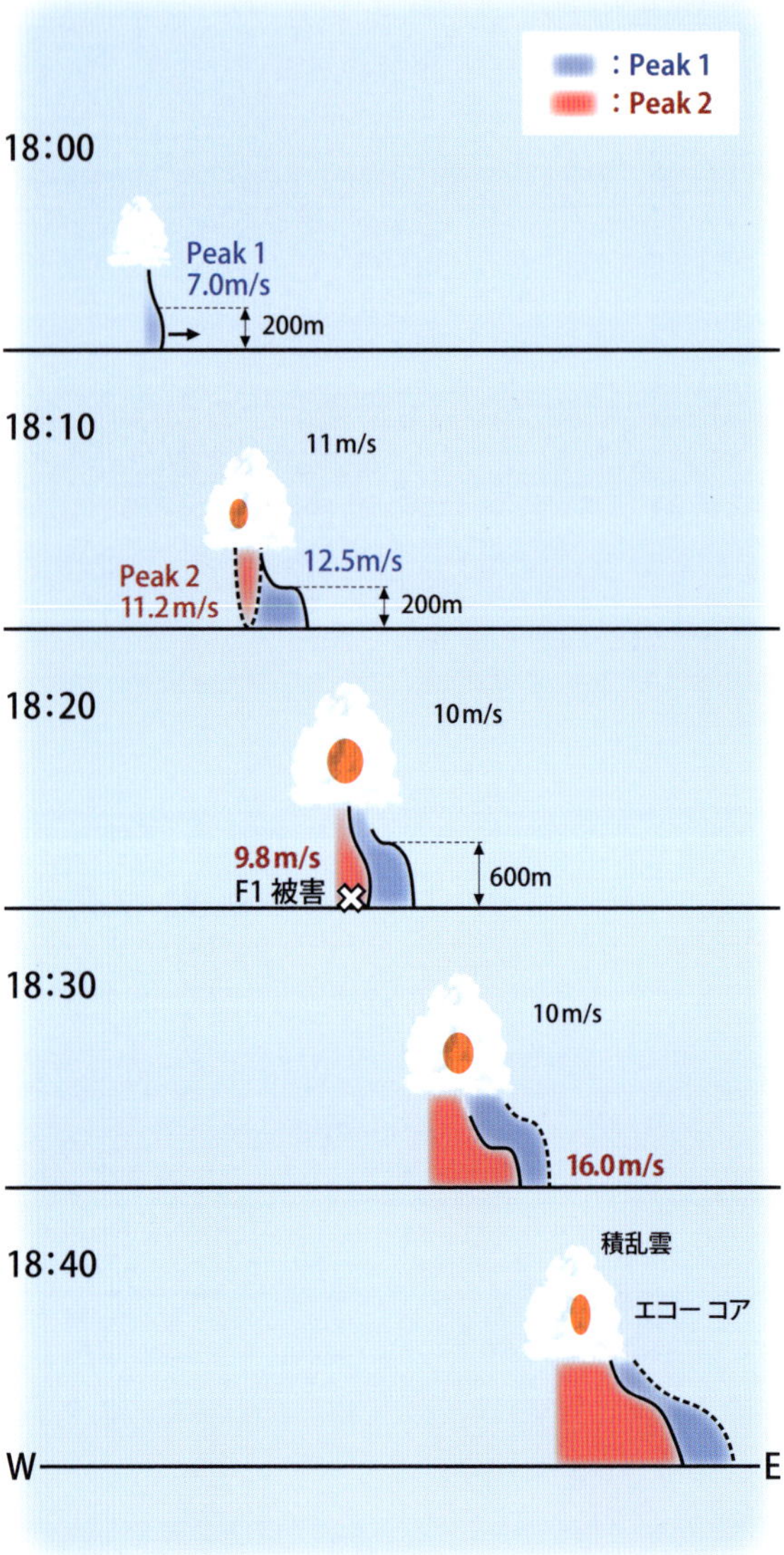

図 5.9　積乱雲の発達とアウトフローの模式図（Norose et al. 2016）

図 5.10　伊勢崎市上空を撮った写真（撮影：呉宏堯）

図 5.11　被害状況（提供：明星電気）

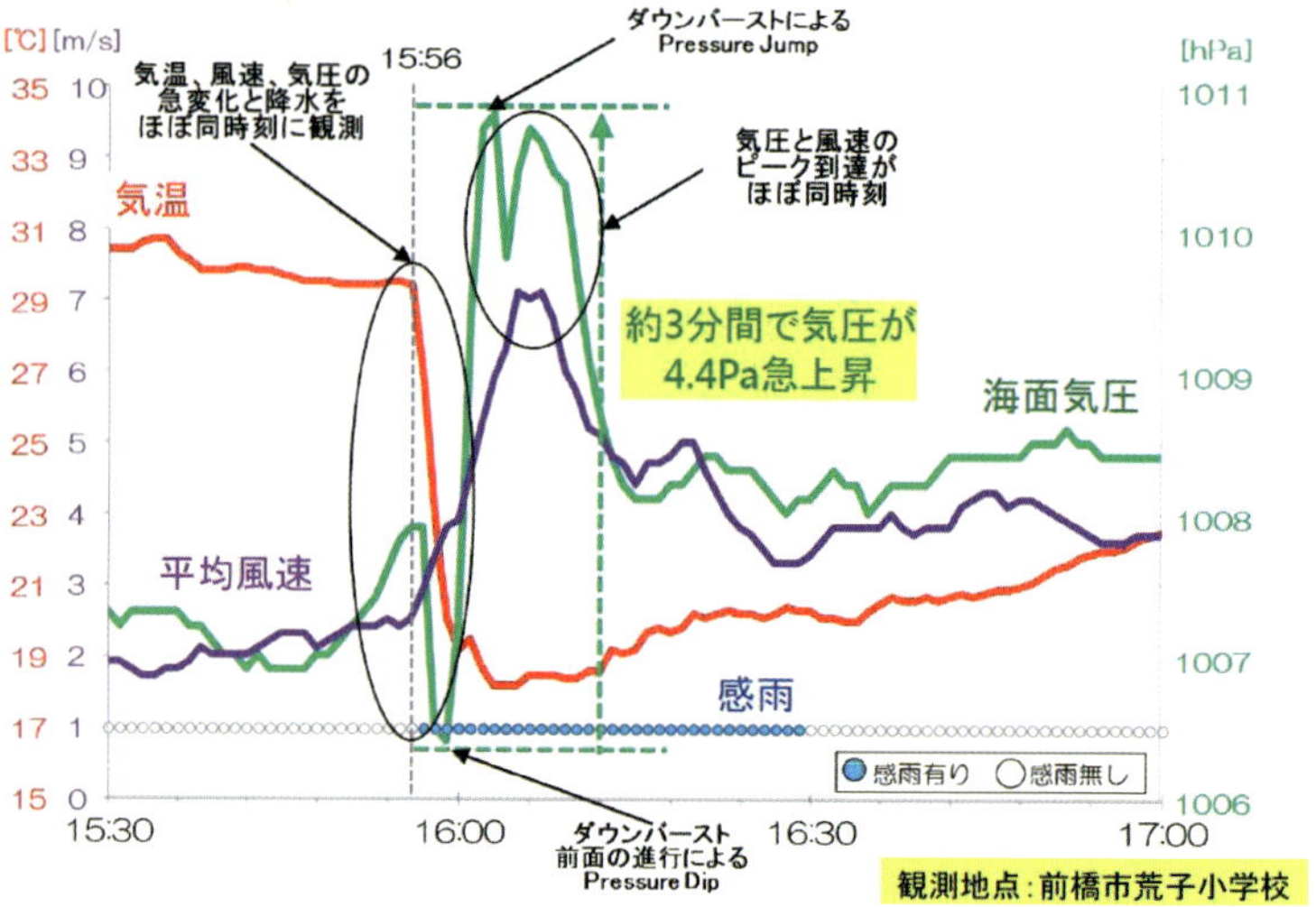

図 5.12　前橋市内で観測された気象要素の時間変化（提供：明星電気）

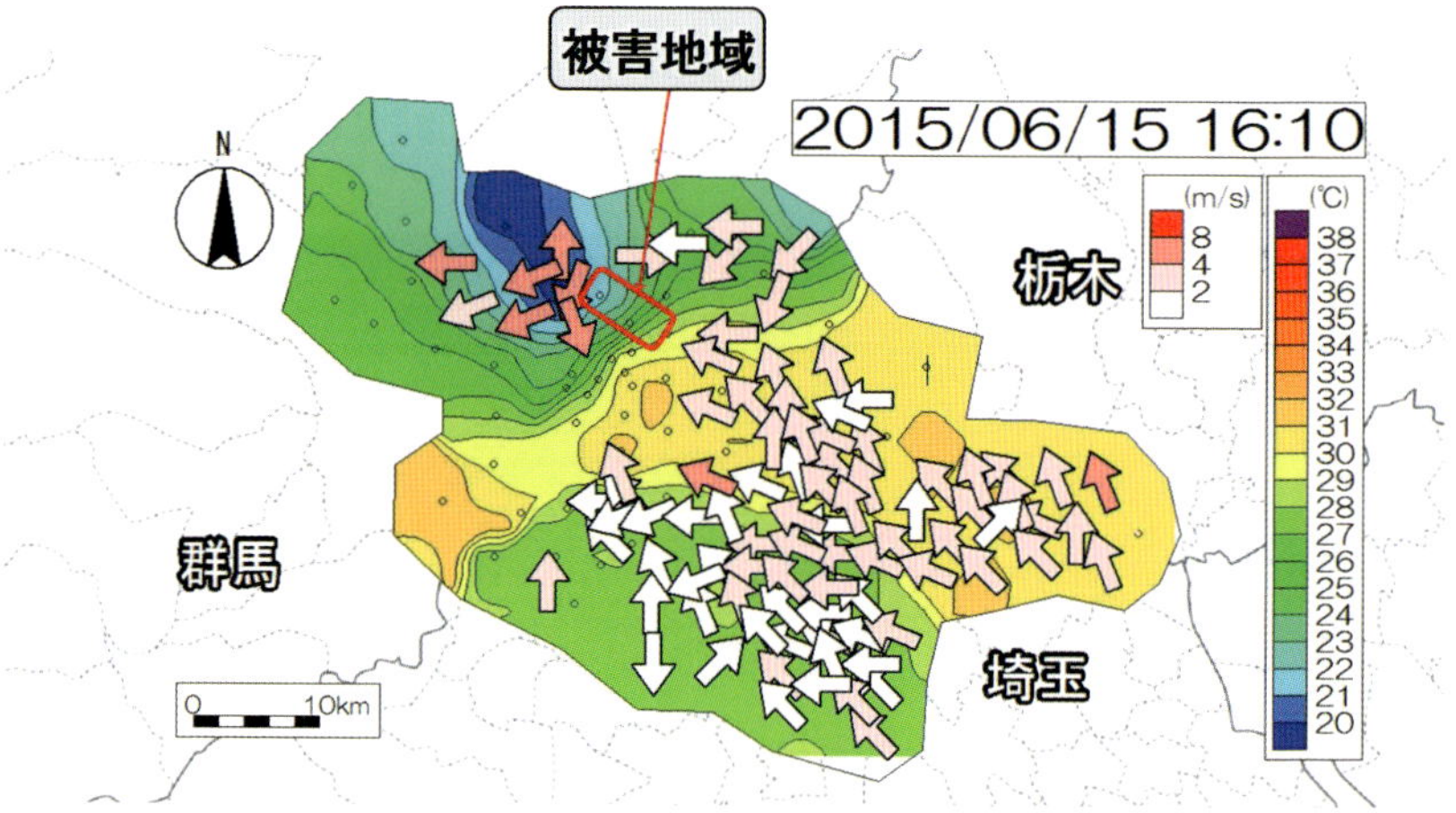

図 5.13　2015 年 6 月 15 日 16 時 10 分の気温場（等値線）と風の場（矢印）（提供：明星電気）

した。図5・14は、北陸沿岸で観測された、上陸直前の雪雲です。夏季の積乱雲に比べて、雲頂高度は4〜5㎞と低いものの、雪や霰がぎっしりと詰まった雪雲からのいくつもの降雪（雪足）がわかります。この雪雲は、上陸と同時に激しい降雪（霰）と突風、落雷をもたらしました。

　地上観測で得られた風速値をもとに、突風（ガスト）の判定基準を設けて調べた結果、北陸では75日間の観測で、計157個のガスト*が検出され（図5・15）、一方東北の観測では71日間で、計237個のガストが検出されました（図5・16）。この値は1日あたりに直すと、北陸で約2回、東北で約3回のガストが発生したことになります。ガストの頻度傾向は似ていましたが、北陸ではガスト風速の最大値は25m/s未満であった一方で、東北では25m/sを超える風速が解析期間で約20回観測されました。庄内平野の内陸10㎞に位置する観測点の方が、北陸沿岸に比べてより高い風速のガストがより高頻度で発生していました。観測地域の差を確認するため、同じ期間で小松市と酒田市で同時観測を行いました。ガストの回数は、酒田では30回なのに対して小松では7回、また風速の最大値も酒田では25m/sを超えたものが4事例確認された一方で、小松では20m/s未満でした。最大瞬間風速値も酒田の方が常に高く、小松に比べて2倍近い値も記録しまし

図 5.14　北陸沿岸で観測された上陸直前の雪雲

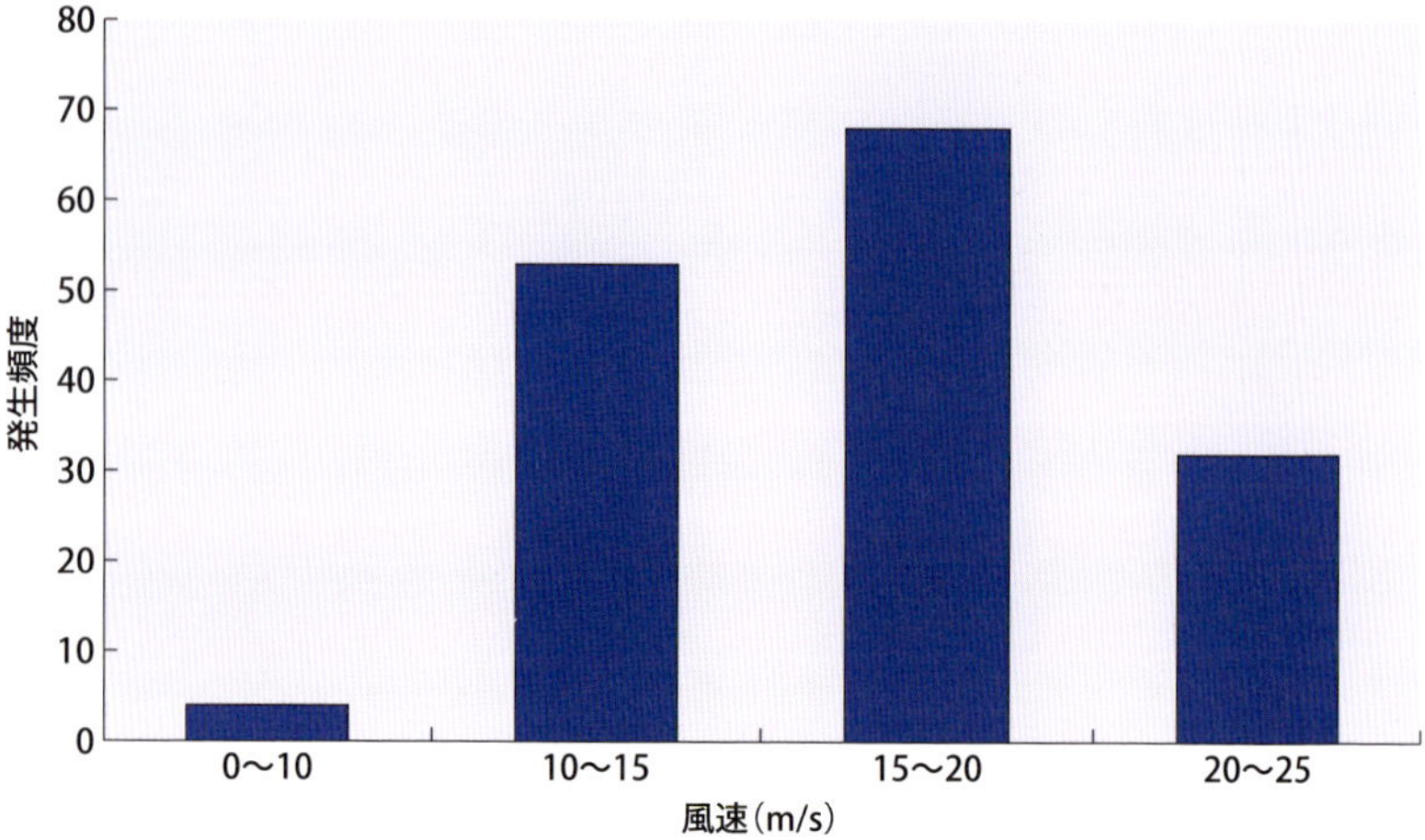

図 5.15　北陸で検出されたガストの風速別頻度．15 m／s 以上 20 m／s 未満のガストは全体の約 40%，20 m／s 以上 25 m／s 未満のガストは約 20%を占めた．

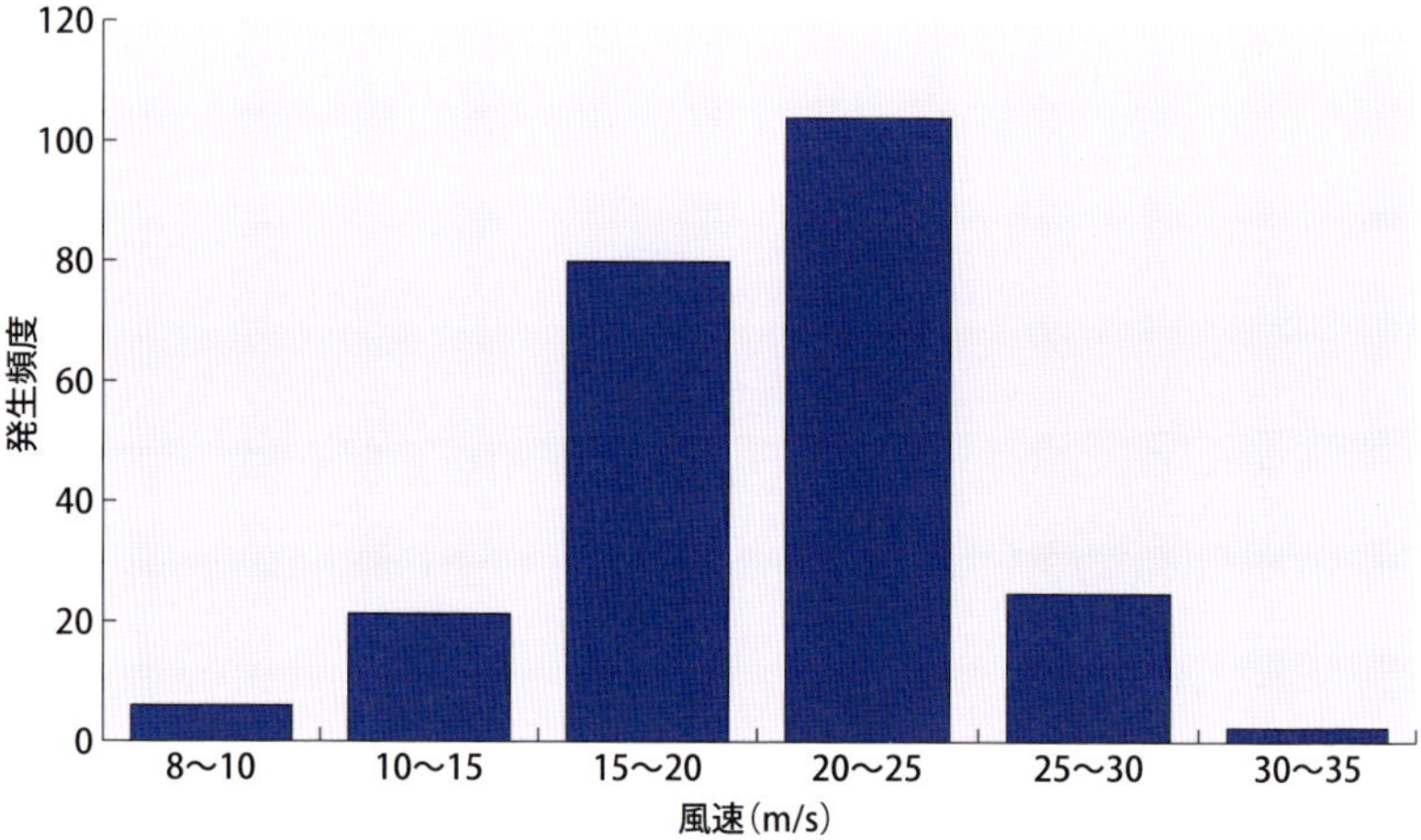

図 5.16　庄内平野で検出されたガストの風速別頻度．20 m／s 以上 25 m／s 未満のガストは全体の約 40%，25 m／s 以上 30 m／s 以下のガストは約 10%を占めた．ガストの半数は 20 m／s を超え，30 m／s を超えるガストも 2 回検出された．

た。庄内平野は北陸より高緯度に位置しており、低気圧の循環内や西高東低の気圧配置で等圧線が混んだ状態になることが多く、環境としての季節風がより強く吹きやすいことが原因と考えらました。

庄内平野の観測で検出されたガストについて風向別分布をみると、大部分が南西から北西に分布し、特に15ｍ／ｓを超える風速では西風に集中していました。また、上空のレーダーエコーの有無に関して調べると、全体の9割近くが「エコーあり」でした（図5・17）。この結果は、大部分のガストは冬型の気圧配置下で対流性エコー（冬の積乱雲）通過に伴い発生したことを意味しています。つまり、断続的に上陸して雪を降らせる積乱雲からの下降流（スノーバースト）によってガストが発生することがわかりました。

ガスト発生前後の地上気象要素の変化を同時に観測しました。冬型時に発生したガストの発生前後30分間における最大瞬間風速（1分値）の平均的な変化をみると、いずれの場合も顕著なガストの立ち上がりが認められましたが、上空にエコーの有る場合と無い場合とでは、ガスト時のピーク風速が平均で約4ｍ／ｓの違いが生じました（図5・18）。また、ガストの立ち上がりは、強エコーに伴う事例では約3分前から風速の増加が始まり、特に前1分間で風速の増加率は平均で3・5ｍ／ｓと最も高くなりました。気圧と気温に関しても、上空に対流性の強エコーが存在する場合に、顕著なピークを有する気圧上

＊ガスト
定量的な定義がないため、自ら定義する必要がある。この研究では、ピーク風速が8ｍ／ｓ以上あり、前後の平均風速より4ｍ／ｓあるいは1・5倍の風速を有するものをガスト（突風）と定義した。

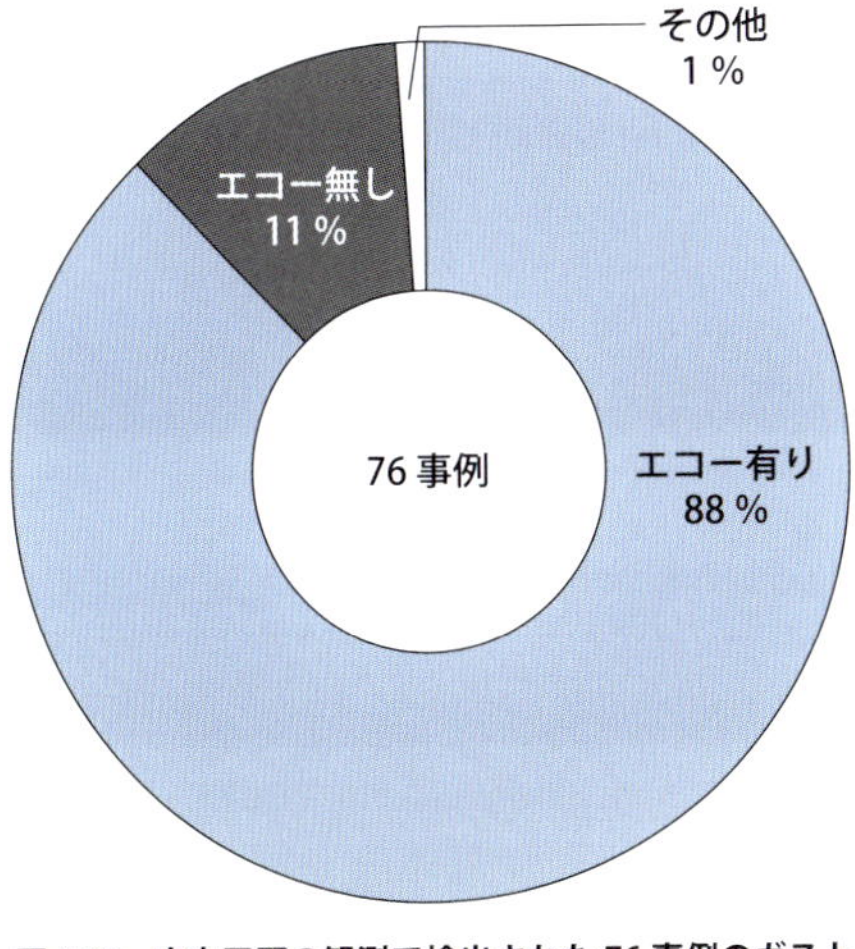

図5.17　庄内平野の観測で検出された76事例のガストと上空エコー有無の割合

昇（pressure jump）が認められ、平均で０・３hPa程度の上昇を示しました（図５・19）。気温も強エコーの場合は、平均で約０・３℃下がりました（temperature drop）（図５・20）。この結果は、上空にエコー有りの事例では、下降流により、相対的に低温で高密度の空気塊が地上に進入ことを表しています。ただし、夏季と違って冬季の北西季節風卓越時*には、同じ気団（寒気）内の現象のため、夏の積乱雲発生時のような顕著な気圧（数hPa）や気温（～10℃）の変化は現れませんでした。

ガスト発生位置は、エコー

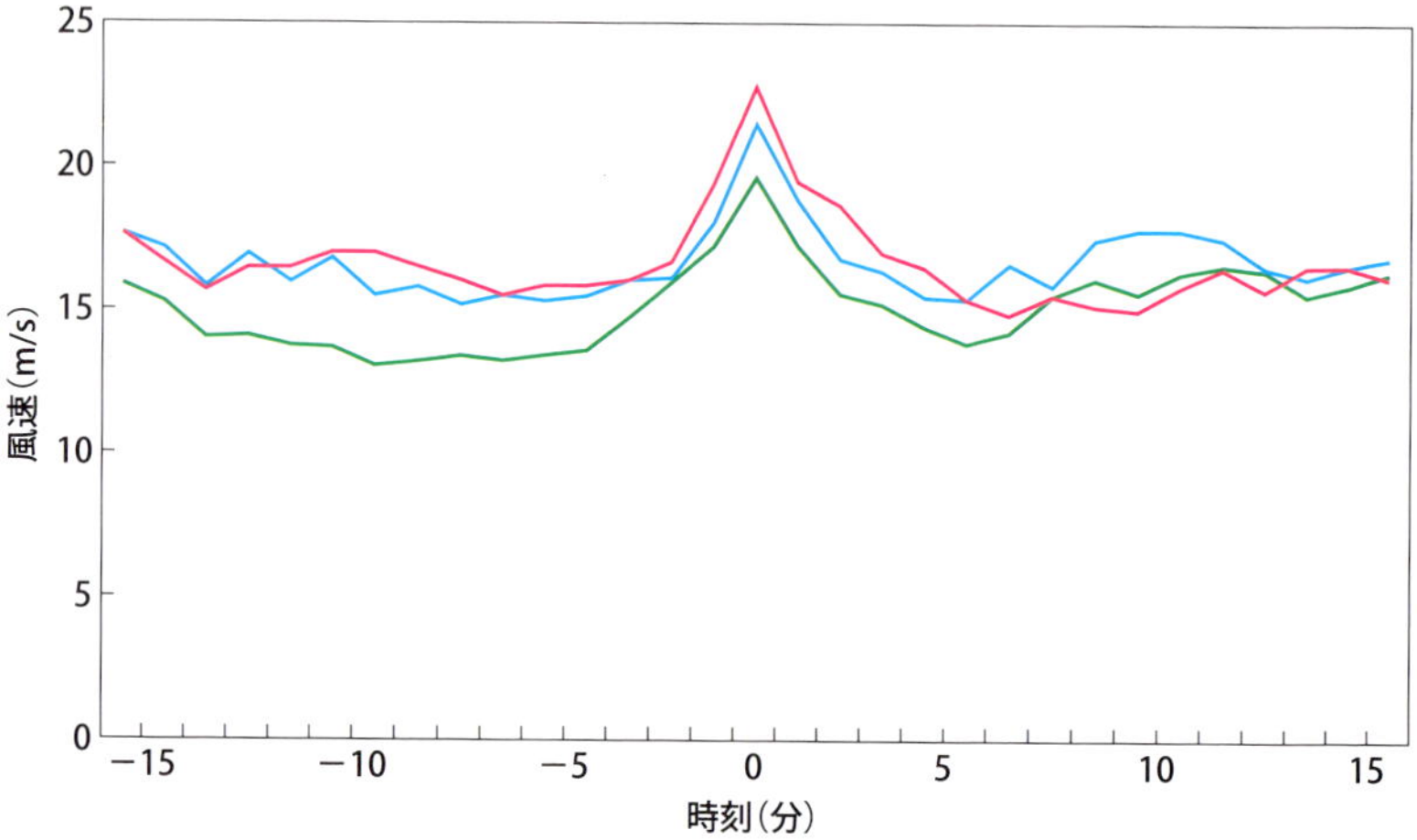

図 5.18　冬型時に検出されたガスト 35 事例のガスト発生前後 30 分間における最大瞬間風速（1 分値）の平均的な変化．レーダーエコー強度が「強エコー（20 dBZ 以上）：赤」、「弱エコー（20 dBZ 未満）：青」、「ノーエコー：緑」の 3 パターンに分けている．

＊冬季の日本海沿岸では相対的に高温な海上から吹く風の方が気温は高い。暖候期の海陸風循環とは温度構造が異なる。

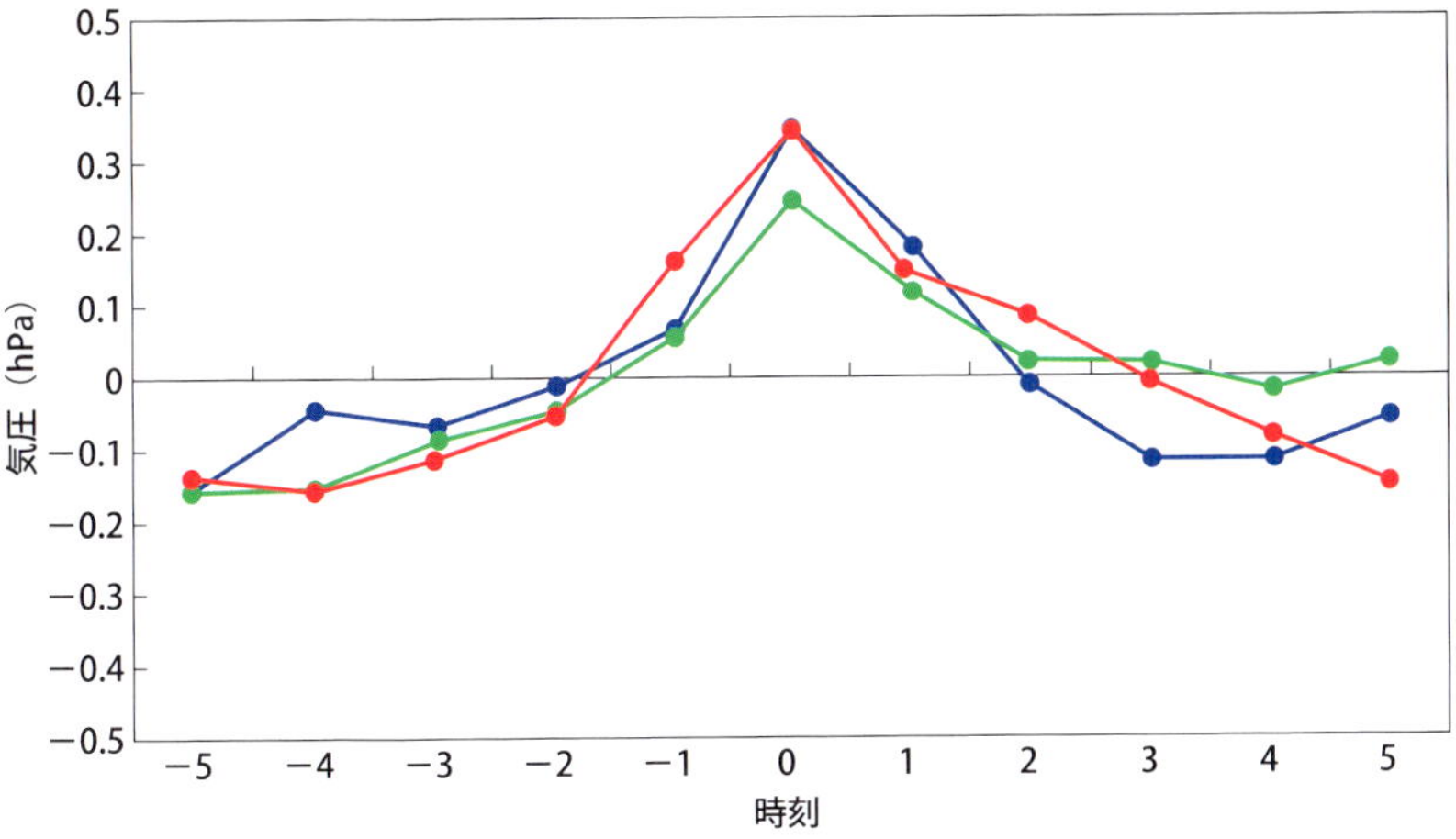

図 5.19　冬型時に検出されたガスト発生前後 10 分間の気圧偏差（平均からのズレ）の平均値．●印は強エコー，●印は弱エコー，●印はノーエコーを示す．

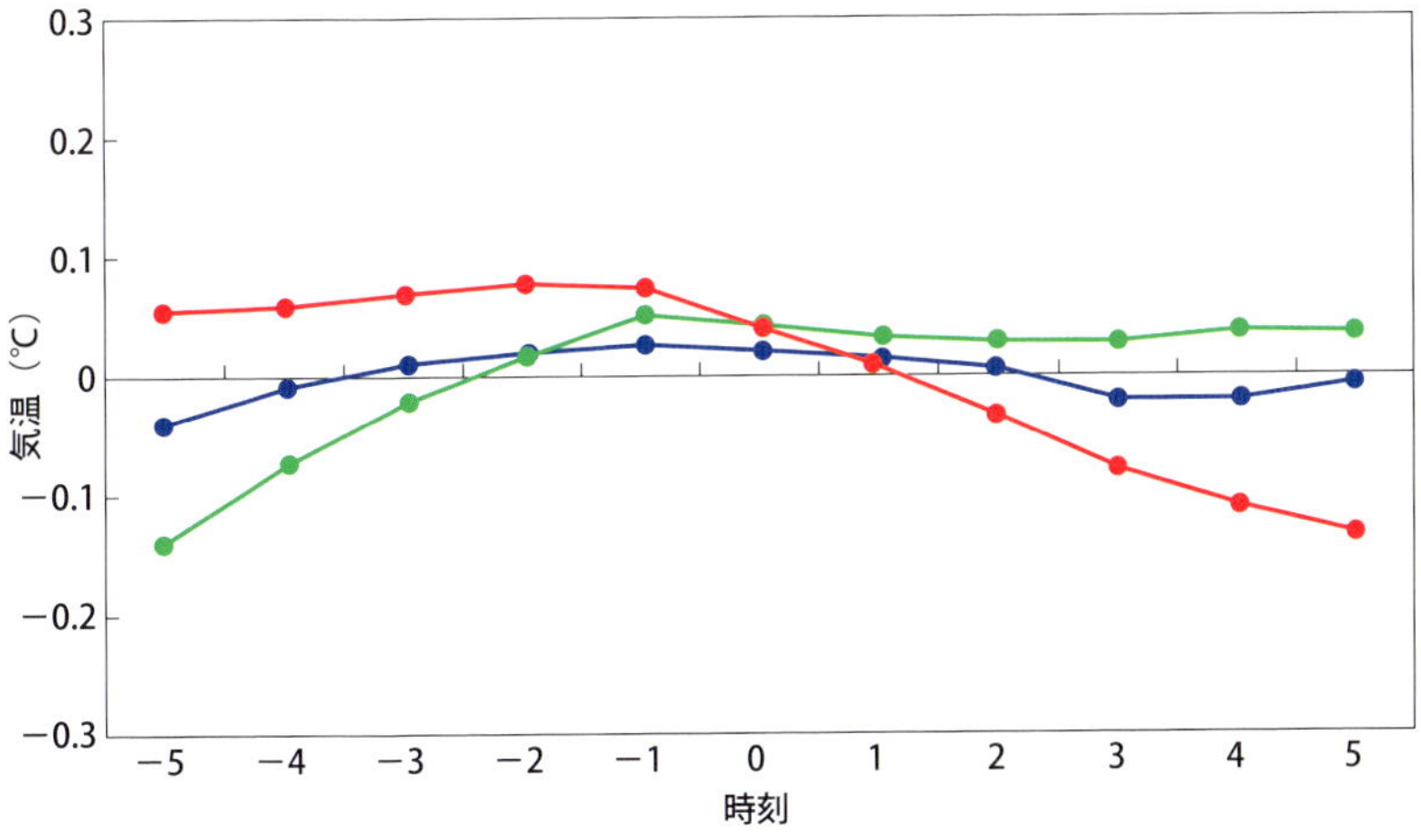

図 5.20　図 5.19 と同じ．ただし気温偏差の平均値．

中心から10㎞以内で発生していました。また大部分のガストがエコーの前面で発生したことがわかりました（図5・21）。「移動するマイクロバースト」の被害が進行方向前面に偏ることと同じメカニズムです。エコー中心から5㎞以内では、ガストの風速のばらつきは大きかったものの、エコー中心から5㎞程度離れた位置で確認されたガストの多くは20m／sを超える風速がありました。一般風を差し引いたエコーに相対的なガスト風速、すなわち降雪雲からの正味の風速は大部分が10m／s程度であったことから、一般風が加味された結果、相対的に風速が高く、エコー中心から離れた場所まで達したと考えられます。

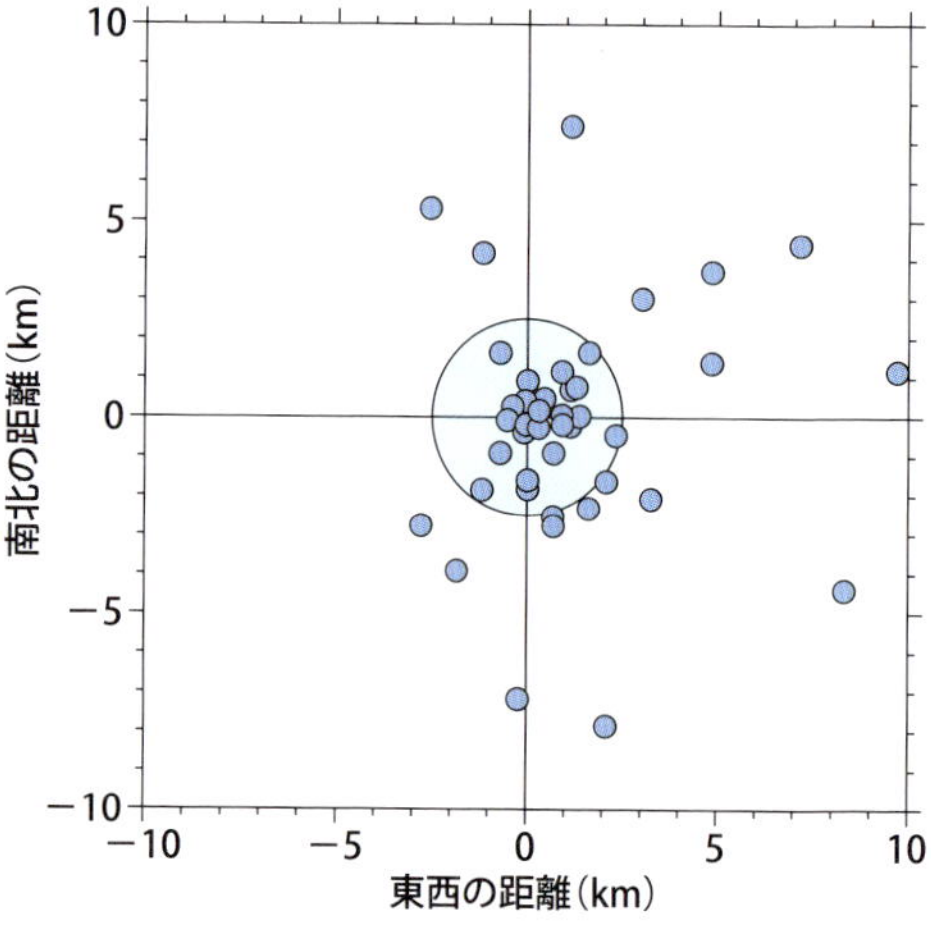

図 5.21　冬型 44 事例のガストの発生位置．レーダーエコー中心を原点にとり相対位置で表している．円はエコーの平均スケールを示す．約 30 %のガストがエコーの中心付近で発生しており，平均的なエコーのスケールである直径5㎞以内で約60 %のガストが発生した．

あとがき

竜巻とダウンバーストは同時に発生する双子のような存在です。2年前に刊行された『竜巻—メカニズム・被害・身の守り方—』では、スーパーセルと竜巻について書きました。おかげさまで第2弾の話を頂き、すぐに兄弟であるダウンバーストが題目に決まりました。本書は、積乱雲が大好きな筆者が30年間にわたり観測を続け、フィールド観測や研究室の屋上で年間何度もダウンバースト／ガストフロントに遭遇し観測してきた結果をもとにした、〝ガストフロントの写真集〟でもあります。

既刊『竜巻』の読者の皆さんから、「写真をカラーで」、「図面を大きく」……など、さまざまな感想を頂きました。本書ではオールカラー化も実現され、写真、図面、イラストをカラーで大きく多用しました。写真、図面のカラー化、イラストの作成など編集部の皆さんにご尽力頂き、本書ではこれらを叶えてもらいました。『竜巻』の写真も、一部カラーで再掲載しました。

ダウンバーストの観測研究では、共同研究者、地元の方々、研究室の学生の皆さんにお世話になりました。呉宏堯氏、前坂剛氏、明星電気株式会社には図面を提供頂きました。ここに謝意を表します。本稿を上梓するにあたり、成山堂書店の小川典子社長をはじめスタッフの皆さんのお世話になりました。紙面を借りてお礼申し上げます。

平成28年8月　**著者**

参考文献

Charba, J., 1974: Application of gravity-current model to analysis of squall-line gust front, Mon. Wea. Rev., 102, 140-156.

Fujita, T.T., 1981: Tornadoes and downbursts in the context of generalized planetary scales, J. Atmos. Sci., 38, 1511-1534.

Fujita, T. T., 1985: DFW microburst on August 2, 1985, The Univ. of Chicago, 154pp.

藤田哲也，2001：ある気象学者の一生，114pp.

Fujita, T. T., and H. R. Byers, 1977: Spearhead echo and downburst in the crash of an airliner, Mon. Wea. Rev., 105, 129-146.

Fujita, T. T., and R. M. Wakimoto, 1981: Five scales of airflow associated with a series of downbursts on 16 July 1980, Mon. Wea. Rev., 109, 1438-1456.

Hjelmfelt, M. R., 1988: Structure and life cycle of microbursts outflows observed in Colorado, J. Appl. Meteor., 27, 900-927.

Houze, R. A., 1993: Cloud Dynamics, Academic Press, 537pp.

小林文明，1999：1994 年 9 月 17 日横須賀で見られたガストフロント，気象研究ノート，193, 95-99.

小林文明，2000：突風前線（ガストフロント）上のアーク雲，日本風工学会誌，85, カラーページ .

小林文明，2004：スノーバースト，日本風工学会誌，99, カラーページ .

Kobayashi, F., 2007: Structures of tornadoes and gust fronts observed by a Doppler radar, Proceedings of International Conference on X-band Radar Network, 37-42.

Kobayashi, F., 2012: Gust phenomena in urban area, Proceedings of the International Symposium on Extreme Weather and Cities, 66-67.

Kobayashi, F., A. Katsura, Y. Saito, T.Takamura, T. Takano and D. Abe, 2012: Growing speed of cumulonimbus turrets, J. Atmos. Electr., 32, 13-23.

小林文明, 河合克仁, 林泰一, 佐々浩司, 保野聡裕, 2012：冬季庄内平野における突風の発生頻度と環境特性, 日本風工学会論文集，37, 1-10.

Kobayashi, F. and K. Kikuchi, 1989: A microburst phenomenon in Kita Village, Hokkaido on September 23, 1986, J. Meteor. Soc. Japan, 67, 925-936.

Kobayashi, F., K. Kikuchi and H. Uyeda, 1996: Life cycle of the Chitose tornado of September 22, 1988. J. Meteor. Soc. Japan, 74, 125-140.

小林文明, 呉宏堯, 森田敏明, 2014：竜巻・ダウンバーストの地上稠密観測—気圧分布で何がわかるか？—, 大気電気学会誌 , 8, 43.

小林文明，大窪拓未，山路実加，桂啓仁，鷹野敏明，柏柳太郎，高村民雄，2013：房総半島における積雲・積乱雲発生の集中観測，日本大気電気学会誌，82，114-115.

Kobayashi, F., T. Takano and T. Takamura, 2011: Isolated cumulonimbus initiation observed by 95-GHz FM-CW radar, X-band radar, and photogrammetry in the Kanto region, Japan, SOLA, 7, 125-128.

小林文明，白岩馨，上野洋介，2008：降雪雲に伴う突風の統計的特徴—北陸沿岸における観測—，天気，55，651-660.

小林文明，鈴木菊男，菅原広史，前田直樹，中藤誠二，2007：ガストフロントの突風構造，日本風工学会論文集，32, 21-28.

中村一，1997：下館市周辺で発生したダウンバースト，気象，41, 14-19.

野呂瀬敬子，小林文明，呉宏堯，森田敏明，2014：2013 年 8 月 11 日に群馬県高崎市・前橋市で発生した突風現象の観測結果，大気電気学会誌 , 8, 46-47.

Norose, K., F. Kobayashi, H. Kure, T. Yada, and H. Iwasaki, 2016: Observation of downburst event in Gunma prefecture on August 11, 2013 using a surface dense observation network, J. Atmos. Electr., 35, 31-41.

大窪拓未，小林文明，山路実加，野呂瀬敬子，鷹野敏明，柏柳太郎，高村民雄，2014：夏季房総半島で発生した積乱雲 turret の観測的研究，日本大気電気学会誌，84，51-52.

大野久雄，鈴木修，楠研一，1996：日本におけるダウンバースト発生の実態，天気，43, 101-112.

Ohno, H., O. Suzuki, K. Kusunoki, H. Nirasawa and K. Nakai, 1994: Okayama downburst on 27 June 1991: Downburst identifications and environmental conditions, J. Meteor. Soc. Japan, 72, 197-222.

Shirooka, R., and H. Uyeda, 1990: Morphological structure of snowburst in the winter monsoon surges, J. Meteor. Soc. Japan, 68, 677-686.

鈴木真一，前坂剛，岩波越，木枝香織，真木雅之，三隅良平，清水慎吾，加藤敦，2009：2008 年 7 月 12 日に東京都で突風被害を発生させた積乱雲の構造，第 55 回風に関するシンポジウム .

索引

欧文

あ行

か行

さ行

た行

著者略歴

小林 文明　こばやし ふみあき

生年月日：1961 年 11 月 3 日

最終学歴：北海道大学大学院理学研究科地球物理学専攻博士後期課程修了

学位：理学博士

経歴：
防衛大学校地球科学科助手、同講師、同准教授を経て現在、防衛大学校地球海洋学科教授
千葉大学環境リモートセンシング研究センター客員教授（H23 ～ H24）
日本大気電気学会会長（H25 ～ H26）、日本風工学会理事

専門：
メソ気象学、レーダー気象学、大気電気学、研究対象は積乱雲および積乱雲に伴う雨、風、雷

著書：
『Environment Disaster Linkages』（EMERALD GROUP PUB）、『大気電気学概論』（コロナ社）、『竜巻―メカニズム・被害・身の守り方―』（成山堂書店）、『スーパーセル』（監訳、図書刊行会）

ダウンバースト 発見《はっけん》・メカニズム・予測《よそく》　定価はカバーに表示してあります。

平成 28 年 9 月 8 日　初版発行

著　者　小林　文明
発行者　小川　典子
印　刷　株式会社暁印刷
製　本　株式会社難波製本

発行所　株式会社　成山堂書店

〒 160-0012　東京都新宿区南元町 4 番 51　成山堂ビル
TEL：03(3357)5861　Fax：03(3357)5867
URL　http://www.seizando.co.jp
落丁・乱丁本はお取り換えいたしますので，小社営業チーム宛にお送りください。

© 2016　Fumiaki　Kobayashi
Printed in Japan

ISBN978-4-425-51411-3

成山堂書店の図書案内

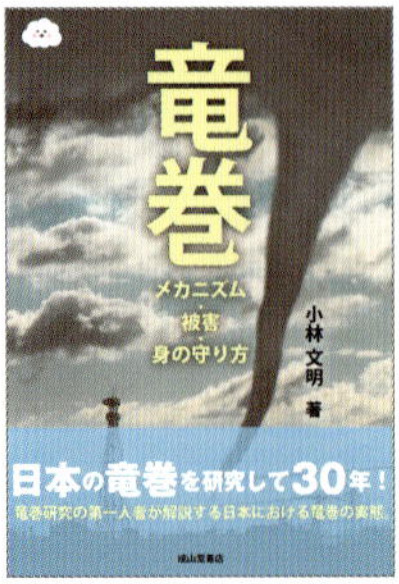

竜巻
メカニズム・被害・身の守り方

竜巻の怖さを
知っていますか？
いざというときの
ために！

小林文明 著

A5判　168頁　定価 本体1,800円（税別）

竜巻研究の第一人者が解説する日本における竜巻の実態を、30年間の研究・調査に基いてそのメカニズムから防災にいたるまで丁寧に解説。竜巻から身を守る方法を知り、防災に役立つ一冊！

交通ブックス 040

河川工学の基礎と防災

まさか!？
いつもは静かな
あの川が氾濫…
その時の備えを
知る！

中尾忠彦 著

四六判　204頁　定価 本体1,800円（税別）

川と人の関わりを科学技術の方面から追求する河川工学の実務者が、基礎知識から洪水ハザードマップまでよどみなく解説している「川の取扱書」。
川の見方と地域防災の意識が変わる一冊！

火山
噴火のしくみ・災害・身の守り方

火山が噴火!？
あなたはどうする？
減災コンサルタント
が教える
火山のはなし。

饒村　曜 著

A5判　166頁　定価 本体1,800円（税別）

減災コンサルタントが教える日本の火山の現状と災害対策。過去の噴火事例を取り上げ、日本の火山監視についても紹介。火山災害への対策を知り、実際に役立つ知恵を身につける一冊！